Berthier · Gandon

WILDNISSE EUROPAS

Haupt

Emmanuel Berthier ist Naturwissenschaftler und war mehrere Jahre als Flussranger an der Rance im bretonischen Küstengebiet tätig. Natur- und Umweltschutz sind ihm ein wichtiges Anliegen. Heute hat er sich ganz der Fotografie verschrieben und reist auf der Suche nach ursprünglichen Lebensräumen und außergewöhnlichen Lichtstimmungen durch ganz Europa.

Laurianne Gandon ist auf Umweltthemen spezialisiert. Ihre Leidenschaft gilt der Natur und dem Meer. Emmanuel Berthier lernte sie im Rahmen ihrer Tätigkeit bei einer Wochenzeitschrift in Dinan kennen, wo die Kooperation für das vorliegende Werk entstand. Derzeit arbeitet sie als Agraringenieurin in Paris.

Die französische Originalausgabe erschien 2008 unter dem Titel
Nature sauvage bei Editions Ouest-France, Rennes.

www.editionsouestfrance.fr

Redaktion: Gaëlle Guilmard
Produktionsleitung: Caroline Brou
Kartografie: Patrick Mérienne
Bildbearbeitung: Graph & Ti, Cesson-Sévigné
Aus dem Französischen übersetzt: Ulrike Kirsch, München
Satz der deutschen Ausgabe: Die Werkstatt, Göttingen
Umschlag der deutschen Ausgabe: pooldesign.ch

1. Auflage: 2010

Bibliografische Information der Deutschen Nationalbibliothek
Die Deutsche Nationalbibliothek verzeichnet diese Publikation in der Deutschen Nationalbibliografie; detaillierte bibliografische Daten sind im Internet über http://dnb.d-nb.de abrufbar.

ISBN 978-3-258-07543-3

Printed in Germany
Sämtliche Papiere dieses Buches sind FSC-zertifiziert.

www.haupt.ch

FOTOS: EMMANUEL BERTHIER
TEXT: LAURIANNE GANDON
ÜBERSETZUNG: ULRIKE KIRSCH

WILDNISSE EUROPAS

ENTDECKUNGSREISEN FÜR NATURLIEBHABER

Haupt Verlag
Bern · Stuttgart · Wien

VARANGERFJORD
LAPPLAND
HIGHLANDS
WATTEN-
MEER
TATRA
BIAŁOWIEŻA
EXTREMADURA
CEVENNEN
SARDINIEN
TABERNAS
KARPATEN
EUROPÄISCHES NORDMEER
BARENTSSEE
ATLANTISCHER OZEAN
NORDSEE
OSTSEE
MITTELMEER
SCHWARZES MEER
NORWEGEN
SCHWEDEN
FINNLAND
RUSSLAND
ISLAND
IRLAND
GROSS-
BRITANNIEN
DÄNEMARK
NIEDER-
LANDE
BELGIEN
DEUTSCHLAND
POLEN
FRANKREICH
SPANIEN
PORTUGAL
ITALIEN
UKRAINE
RUMÄNIEN
BULGARIEN
TÜRKEI
GRIECHENLAND

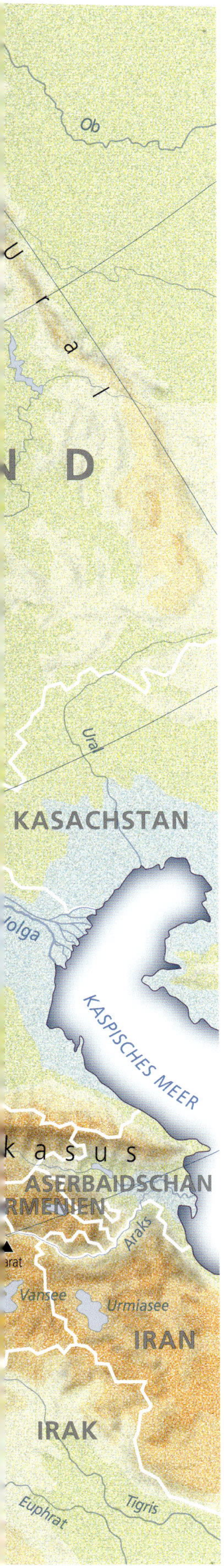

Inhaltsverzeichnis

Einleitung

Im Vergleich zu Asien, Afrika und Amerika ist das vom Atlantik bis zum Ural reichende Europa mit 10,2 Millionen Quadratkilometern ein relativ kleiner Kontinent. Das gemäßigte Klima, die geologische Geschichte und 40'000 km zerklüftete Küste haben ein erstaunliches, mitunter spektakuläres Landschaftsmosaik entstehen lassen, welches teilweise noch ursprünglich ist, teilweise aber vom Menschen auch stark verändert wurde. Die unterschiedlichen Lebensräume beheimaten eine reiche und spezifische Flora und Fauna.

Das Klima begünstigte die Besiedelung des Kontinents. Unter Berücksichtigung der Tatsache, dass wir mit der Natur in einer ständigen Wechselbeziehung stehen, beschloss die Europäische Union, den Menschen in den Mittelpunkt der Ökosysteme zu stellen und die Natur so zu verwalten, dass sie dem Menschen zugänglich ist und seinen Aktivitäten Rechnung getragen wird.

In Europa stehen 43'000 Gebiete unter Schutz. Dazu gehören unter anderem Naturschutzgebiete, Nationalparks, Biosphärenreservate und Weltnaturerbestätten der UNESCO. Eine Vielzahl unterschiedlicher Maßnahmen ermöglicht es, in diesen Schutzgebieten den zahlreichen Problemlagen, geschichtlichen oder geografischen Hintergründen sowie den speziellen Ökosystemen gerecht zu werden. Die Wahl des jeweils geeigneten Instruments ist dabei den lokalen Entscheidungsträgern überlassen.

Die 1992 in Rio de Janeiro ausgehandelte Biodiversitätskonvention bildet den Rahmen der Europäischen Umweltpolitik. Das Ziel der Biodiversitätskonvention ist es, bis zum Jahr 2010 mindestens 10 % der Erdoberfläche unter Schutz zu stellen und dabei repräsentative Ausschnitte aller existierenden Ökosysteme zu erfassen. In Ergänzung soll mit ethischen Vorgaben der Schwund der Biodiversität gebremst, die Forschung in diesem Bereich gefördert und die lokale Bevölkerung in die Verwaltung der geschützten Zonen eingebunden werden.

Um ihrer Verpflichtung nachzukommen, hat die Europäische Union mit «Natura 2000» ein Netzwerk geschaffen, in dem zurzeit 17 % der Landfläche integriert sind und welches die Zusammenarbeit und den Austausch zwischen Ländern, Naturschutzgebieten und Naturschutzorganisationen ermöglicht. Die Ökosysteme der Küsten und Meere sind dabei mit weniger als 1 % bislang allerdings nur sehr schwach vertreten. Auch sind die Fördermittel unzureichend, welche das Netzwerk vornehmlich über das Programm LIFE erhält. Darüber hinaus ergeben sich durch die parallel für die Entwicklung wirtschaftlich benachteiligter Regionen bereitgestellten Mittel bisweilen Interessenskonflikte mit dem Naturschutz.

Insbesondere meine Abenteuerlust und Begeisterung für ursprüngliche und intakte Gegenden haben mich auf eine Entdeckungsreise zwischen der norwegischen Tundra und der südspanischen Wüste, der schottischen Küste und dem polnischen Wald geführt. Auf dieser Reise lernte ich die facettenreichen Gesichter Europas kennen. Die Vielfalt der europäischen Wildnisse, die ich dabei entdeckte, möchte ich Ihnen hier mit einigen Bildern vorstellen.

Emmanuel Berthier

Winter

- Arktischer Winter in Lappland (Finnland)
- Die Karpaten im Schnee (Rumänien)
- Die Inseln der Waddenzee (Niederlande)

Arktischer Winter in Lappland

400’000 km^2 Eis, schneeweiße Berge, Wälder und nur einige Hunderttausend Einwohner: Lappland beginnt im Westen mit dem norwegischen Lofoten-Archipel, erstreckt sich über das Skandinavische Gebirge, über Nordschweden und Nordfinnland und umfasst im Osten die gesamte russische Halbinsel Kola. Die westliche Region ist von Fjorden, engen Tälern, Gletschern und Bergen geprägt. Der höchste Gipfel, der *Kebnekaise*, erreicht 2111 m und liegt im schwedischen Teil Lapplands. Weiter im Osten findet man nördliche (boreale) Nadelwälder, soweit das Auge reicht, sowie große Plateaus mit vielen Seen und Sümpfen. Tundra bedeckt Lapplands äußersten Norden.

Schon mehrmals habe ich diese außergewöhnliche Gegend bereist. Dieses Jahr begleitet mich Christophe, ein befreundeter Fotograf. Als Unterkunft dient uns eine Herberge, die den Anschein einer Forschungsbasis erweckt, sodass wir die einzigen Gäste um diese Jahreszeit bleiben. Bei unserem ersten Ausflug in Schneeschuhen nimmt unser Staunen über das unermessliche Weiß ringsum kein Ende. Es ist windstill und –27°C. Die Kälte ist trocken und beißend. Wir befinden uns im größten Schutzgebiet Europas, welches sich im schwedischen Teil Lapplands befindet und durch die drei aneinandergrenzenden, landschaftlich einmalig schönen Nationalparks Sarek, Padjelanta und Stora Sjöfallet gebildet wird. Sie liegen zwischen dem 67. und 68. nördlichen Breitengrad (etwa auf halber Höhe Grönlands) und sind vom arktischen Klima mit zwei Jahreszeiten geprägt: dem acht Monate langen harten Winter mit der zwei Monate andauernden Polarnacht sowie dem kurzen, frischen Sommer, in dem das Leben regelrecht explodiert.

Das milde Licht, welches die Hügel von Kuusamo überzieht, scheint die märchenhaften Formen zu erwärmen. Dem schweren Eismantel können die Koniferen mitunter nicht standhalten. Ihre Zweige geben dann jäh unter dem Gewicht des Schnees nach. Das Bersten zerreißt die absolute Stille des lappländischen Winters.

Tags darauf brechen wir im Morgengrauen zu einem am Vortag entdeckten See auf. Die vereisten Straßen sind menschenleer. Alles scheint zu schlafen und vor Kälte zu erstarren. Vorsichtigen Schrittes überqueren wir den See, in welchem Gesteinsbrocken die Dicke der Eisschicht erahnen lassen: 1 m, wenn nicht mehr … Das vertreibt die Angst. Es herrscht eine kaum in Worte zu fassende Friedlichkeit. Das flach einfallende Licht lässt uns jedes Detail der Landschaft erkennen.

Auf einem zugefrorenen Fluss wandern wir zwischen den Steilwänden eines Canyons, der mit Tausenden von Eisstalaktiten übersät ist. Plötzlich höre ich ein Krachen und Knirschen. Ich drehe mich um, während Christophe gerade das Eis überquert. Die verschiedenen, bei unterschiedlichen Wasserstandssenkungen gebildeten Eisschichten geben unter seinem Gewicht Stück für Stück nach. Wie durch ein Wunder gelingt es ihm, sich über Wasser zu halten und sich auf das umgebende, stärkere Eis zurückzuziehen. Im tiefsten Winter in den einsamen Weiten umherzuwandern, erfordert Vorsicht und Erfahrung.

Um uns von diesem Schrecken zu erholen und weil sich bereits die Nacht ankündigt, beschließen wir, Polarlichter zu beobachten. Kaum ist die Sonne verschwunden, beginnt die

Auch wenn es tagsüber recht warm werden kann, so herrscht nachts doch immer Eiseskälte. Nahezu zwei Monate lang dauert in Lappland die Polarnacht. Einzig das kalte Mondlicht erhellt die vor Eis erstarrte Taiga.

Nächtliche Entdeckungsreise im nördlichen Nadelwald bei –28°C. Die vereiste Schneedecke knistert unter unseren Schritten und reflektiert das letzte Tageslicht. Der Wind hat sich gelegt, der schwindelerregende Abfall des Thermometers beginnt. Trotz der harschen Bedingungen stört nichts die Friedlichkeit, die man beim Durchqueren der großen weißen Weiten verspürt.

Temperatur zu fallen. Bei –37°C schließlich verharrt das Thermometer. Kein Lüftchen regt sich, es herrscht absolute Ruhe.

Nur das Knistern der vereisten Schneeschicht durchbricht die Stille des hohen Nordens. Als Vorbereitung auf die lange, eisige Nacht verdoppeln und verdreifachen wir die Kleidungsschichten. Eingepackt in unsere Schlafsäcke, warten wir geduldig auf das Erscheinen der ersten Dunstwolke. Nach einigen Stunden nimmt das *Guovssahassah* (wie das Polarlicht in der Sprache der Samen heißt) endlich Gestalt an. Zunächst zaghaft in Form einer kleinen Wolke. Dann werden die Bewegungen schneller und ausladender. Das intensive Grün der Aurora borealis beginnt am schwarzen Himmel der Arktis zu tanzen. Formen erscheinen, wachsen und verschwinden alsbald wieder. Große grüne Wellen, lange rote Strahlen, violette Schleier … Die Intensität des Lichtvorhangs erhellt die Landschaft wie in einer Vollmondnacht. Ich bin sprachlos. Doch die Fotos werden für sich sprechen, auch wenn meine Ausrüstung nicht lang durchhält – mein Atem gefriert auf dem Sucher und den Objektiven.

Die Leuchterscheinungen sind, ganz gleich ob im Norden oder Süden, vornehmlich um die Pole herum sichtbar. Sie entstehen aufgrund von Sonneneruptionen, bei denen Teilchen in großen Mengen ins All geschleudert und vom Sonnenwind bis zur Erde getragen werden. Die Magnetwolke benötigt zwei Tage für die Reise von der Sonne zur Erde. Dann prallen die Teilchen auf das Magnetfeld, welches unseren Planeten schützt, umkreisen dieses und dringen durch die Pole ein. Nun nimmt die Aurora Gestalt an. Um zu erfahren, ob Polarlichter auftreten, ist die für den geplanten Beobachtungszeitraum prognostizierte Stärke der geomagnetischen Aktivität hilfreich. Bei hohem Kp-Wert und klarem Himmel ohne Lichtverschmutzung stehen die Chancen gut. Man muss nur

Nach einer langen Nacht lüftet sich endlich der Schleier über der Taiga. Die Wintersonne lässt sich Zeit, Morgenröte und Dämmerung benötigen für einen Europäer des «Südens» eine kleine Unendlichkeit. Dann bekommen die Nebelschwaden einen warmen Farbton …

noch warten und ca. zwischen 21 Uhr und Mitternacht aufmerksam gen Norden blicken. Besonders häufig sind Polarlichter im finnischen Rovaniemi zu beobachten, wo sie durchschnittlich jede zweite Nacht auftreten. Da der Himmel dort meist wolkenlos ist, besteht eine relativ hohe Wahrscheinlichkeit, ein Nordlicht zu sehen.

Nach dieser Nacht voller Magie sind ornithologische Exkursionen am Tage angesagt. Wir wollen die hier im hohen Norden ganzjährig lebenden seltenen Vögel nicht verpassen. Birk- und Schneehühner gehören zu den Mutigen, die dem langen, harten arktischen Winter trotzen. Als Anpassung an ihren Lebensraum besitzen sie ein dichtes Federkleid, das eine Luftschicht umschließt und dadurch eine hervorragende Wärmeisolierung bildet. Dreimal im Jahr mausert sich das Schneehuhn und trägt so stets ein zur Jahreszeit passendes Tarnkleid zum Schutz vor Feinden. Im Winter bleiben lediglich die Schwanzfedern schwarz, die aber nicht zu sehen sind, wenn sich der Vogel am Boden aufhält. Der imposantere Auerhahn bewegt sich im Winter vornehmlich in den Bäumen, da er in der dicken Schneeschicht am Boden nur schwerlich vorankommt. Seine Nahrung besteht daher hauptsächlich aus Koniferennadeln, Birkenästchen, trockenen Gräsern und Flechten.

Nachdem wir auch dem Birkhahn begegnet sind, verlassen wir unser Standquartier und ziehen weiter in den finnischen Sompio-Nationalpark. Kaum sind wir angekommen, zeigt der Unglückshäher seinen Schnabel. Auch dieser für nördliche Wälder typische Vogel bleibt im Winter in Lappland. In der Nähe unserer Hütte hofft er auf Nahrung und sucht nach Resten, die wir zurückgelassen haben könnten. Ein Haselhuhn flüchtet vor uns. Die scheue, ebenfalls sesshafte Art

Die meisten Vögel Lapplands sind Zugvögel. Doch manche Arten trotzen dem arktischen Winter, wie zum Beispiel dieser Steinadler im Schneegestöber (Bild unten). Die klirrende Kälte scheint auch dem Unglückshäher (Bild mitte), einem der Symbolvögel Lapplands, nichts anzuhaben. Seine braune Silhouette hebt sich vom schneebedeckten Tannenwald ab. Noch bevor der Winter zu Ende ist, beginnen die Birkhähne (Bild oben) mit der Balz. Sie stolzieren umher und liefern sich auf dem noch zugefrorenen Torfmoor Scheingefechte.

Der Steinadler ist einer der kräftigsten Greifvögel. Auf diesem Foto fliegt er mit weit gespannten Schwingen davon. Seine beeindruckende Präsenz und sein durchdringender Blick machen aus einer Beobachtung stets ein großartiges Erlebnis.

Ein Blitzangriff der Sperbereule im Schnee. Sie hat ein Nagetier ausgemacht, dessen Chancen zu entkommen gering sind. Rasch und leise fliegt die kleine Eule mit ihrer Beute davon, um sie an einem sicheren Ort zu verschlingen.

Diese Raben lassen ihre Beute am Boden nicht aus den Augen. Die intelligenten und misstrauischen Vögel können lange warten, bevor sie sich über das Aas hermachen, welches von einem Raubvogel zurückgelassen wurde.

bevorzugt das dichte Unterholz und verrät ihre Anwesenheit meist nur durch ihre Rufe.

Als Nächstes wollen wir in der Umgebung von Kuusamo nahe der russischen Grenze nordische Eulen fotografieren, die dort regelmäßig anzutreffen sind. Eine der häufigsten Arten ist die Sperbereule, die in Baumwipfeln kauernd auf Beute lauert. Sobald sie ihr Opfer erblickt, stürzt sie herab, um es zu greifen und auf ihrem «Hochsitz» in Stücke zu reißen. Ihren schnellen, niedrigen Flug mit dem Teleobjektiv zu verfolgen, erweist sich als wahre Herausforderung. Auch Glück gehört zu einem gelungenen «Action-Foto»! Der Flug des Bartkauzes ist sehr viel langsamer und schwerfälliger. Er beeindruckt mit einer Flügelspannweite von 1,50 m und einer Länge von 70 cm. Bemerkenswert ist auch die große Gesichtsfläche, mit der er wie mit einer Parabolantenne kleine Nagetiere unter der dicken Schneeschicht orten kann.

Kampf auf dem Torfmoor. Das Geräusch der Flügelschläge und das Gurren der Vögel durchbricht die Stille der frühen Morgenstunden. Jedes Jahr finden sich die Birkhähne ab März in Lappland zu spektakulären Balzspielen ein. Dabei singen sie und messen vor den Augen der scheinbar desinteressierten Weibchen ihre Kräfte.

Mit dem Ende unserer Reise setzt auch das Tauwetter des ausklingenden Winters ein. Letzte Beobachtung vor der Abreise: die Balz der Birkhähne. Inmitten der Taiga warten wir geduldig auf den Tagesanbruch. Flügelschlagen und Gurren verraten uns, dass die Birkhähne nicht weit weg sind. Plötzlich entdecken wir sie. Langsam stolzieren sie umher, drehen sich im Kreise, taxieren sich gegenseitig. Jeder verteidigt eifersüchtig sein Revier. Die Weibchen lassen sich Zeit mit ihrer Entscheidung. Die Balztänze werden intensiver, die Rivalen kämpfen nun auch mit den Schnäbeln und ausgebreiteten Flügeln, die roten Verdickungen über ihren Augen sind geschwollen. Schließlich finden mitten in der «Arena» die Paarungen statt.

Das stets aktive Eichhörnchen überlebt den lappländischen Winter dank seiner vornehmlich vegetarischen Nahrung (Körner, Borke etc.) und seiner in Hohlräumen angelegten Vorratslager.

Aufmerksam lauscht das Rentier. Das bekannteste Symboltier Lapplands war lange Zeit die Haupteinkommensquelle der Samen. Heute betreiben nur noch 10 % der lappländischen Bevölkerung Rentierzucht.

ENTDECKEN SIE DEN ARKTISCHEN WINTER

Nicht verpassen

- Die norwegischen Fjorde von Tromsø bis zu den Lofoten.
- Die Polarlichter.
- Die schier unendliche finnische Taiga, die nahe der russischen Grenze die vielfältigste Wildfauna aufweist.
- Die schwedischen Berge in den Nationalparks Sarek, Stora Sjöfallet und Padjelanta.
- Winteraktivitäten (Schneeschuhe laufen, Ski fahren und Schlittenhundegespanne) in der Umgebung der Städte Kiruna oder Rovaniemi, die auch gute Ausgangspunkte für einen Lappland-Aufenthalt sind.
- Den Kungsleden oder «Königspfad», der sich ab Abisko für Skiwanderungen eignet.
- Die zahlreichen Schneeschuh- und Skiwanderwege in den Nationalparks.

Praktische Tipps

- Reist man auf eigene Faust, benötigt man kälteresistente Ausrüstung für Temperaturen bis –30°C. Vorsicht bei vereisten Straßen, auf denen Begegnungen mit Rentieren nicht selten sind. Straßenzustands- und Wetterberichte für Lappland sind auf der Website der Finnischen Straßenverwaltung (www.tiehallinto.fi) zu finden.
- Wanderungen erfordern aufgrund des teils extrem wechselhaften Wetters gute Kondition und Bergwanderausrüstung.
- Zur Beobachtung von Polarlichtern empfiehlt sich vorab ein Blick auf die Website: http://sec.noaa.gov/pmap/. Die dort angegebenen Kp-Werte lassen die Wahrscheinlichkeit von Polarlichtern erkennen: Bei einem Kp-Wert von mehr als 4 nördlich des Polarkreises ist sie relativ hoch.

Unterkunft

- Einige Jugendherbergen sind ganzjährig geöffnet. Für ausführliche Informationen siehe: www.hihostels.com
- In den Nationalparks gibt es sehr einfach ausgestattete Holzhütten, die jedem, begrenzt auf eine Übernachtung pro Hütte, kostenlos und ohne Reservierung offenstehen.
- In ganz Lappland können Hütten und Ferienhäuser für 2 bis 8 Personen gemietet werden. Weitere Auskünfte auf www.stugknuten.com

Hütte am Ufer des Sompiosees.

Expedition mit Schlittenhunden im Abisko-Nationalpark.

Die Karpaten im Schnee

Rumänien besitzt große Schutzgebiete, zu denen auch weite Teile der Karpatengebirgskette gehören. Die in der Gegend von Sinaia und Brasov schroffe, und im nördlichen Teil sanfthügelige Bergwelt, umfasst allein in Rumänien über 100'000 km^2 Fläche. Die höchste Erhebung der rumänischen Karpaten ist der Moldoveanu mit 2544 m.

Die Karpaten sind von einem schier unendlichen Nadelwald bedeckt, der das größte durchgehende Waldökosystem in Europa darstellt. Sein beachtlicher Wildbestand lockt viele Großraubtiere an. 1500 Luchse, 3000 Wölfe und an die 5000 Braunbären leben hier, was etwa 35 %, 40 % beziehungsweise 60 % der jeweiligen Gesamtpopulationen Europas entspricht. Seit der Privatisierung der Wälder vor einigen Jahren hat sich deren Management allerdings verschlechtert. In der Folge nimmt die unkontrollierte Jagd ständig zu, und auch die Landwirtschaft beansprucht zunehmend mehr Waldflächen. Dadurch steigt der Druck auf die Großraubtiere und lässt ihre Bestände schrumpfen.

Eine Reise in die Karpaten hatte für mich oberste Priorität, da ich unbedingt einem Wolf begegnen wollte. Ein sehr ambitioniertes Ziel, denn wenngleich Wölfe in Rumänien häufig vorkommen, so ist es aufgrund ihres menschenscheuen Verhaltens trotzdem extrem schwierig, einen zu beobachten. Also kontaktierte ich das *Carpathian Large Carnivore Project* (CLCP). Diese Organisation widmet sich der Erforschung von Wölfen und anderen großen Raubtieren unter den Aspekten «Ökologie», «Beziehung Mensch-Wolf» sowie «Einfluss menschlicher Aktivitäten auf Rudelverhalten, Krankheitsentwicklung und Anpassung der Wölfe an ihre Umwelt».

Der extrem scheue Wolf gehört zu jenen Säugetieren, die man in ihrem natürlichen Lebensraum nur selten zu Gesicht bekommt. Dies ist selbst in Rumänien der Fall, das den größten Wolfsbestand Europas beherbergt.

Eine dicke Schicht aus weißen Schneekristallen überzieht die Landschaft. Berge und unbewohnte Täler, so weit das Auge reicht: Die Karpaten stellen das größte zusammenhängende Waldökosystem in Europa dar. Im langen, harten rumänischen Winter ist das Gefühl der Wildnis noch intensiver.

Der raureifbildende Nebel über dem Fluss entsteht durch den Temperaturunterschied zwischen der Luft und dem Wasser. Die feinen Kristalle fangen das Morgenlicht ein und hüllen jeden Zweig in einen Eismantel.

Im tiefsten Winter flog ich nach Bukarest. Von dort ging es weiter mit dem Zug nach Brasov: 170 km in vier Stunden. Mitarbeiter des CLCP holten mich mit dem Auto ab und brachten mich zu ihrer Station. Eine Stunde fuhren wir auf kleinen verschneiten Straßen, bevor wir die Stadt Zarnesti am Fuße des wunderschönen Piatra-Craiului-Gebirges erreichten, in dem unsere Berghütte, ohne Strom und fließendes Wasser, oberhalb eines teilweise zugefrorenen Flusses lag.

Die Winter hier sind lang, hart und sehr schneereich mit Temperaturen zwischen −10°C und 5°C am Tag und bis −20°C in der Nacht. In meiner ersten Nacht hält mich das Heulen der Wölfe wach. Der betörende Gesang stammt von Craï und Poïana. Ein CLCP-Biologe hatte die beiden, die hinter der Hütte in Gefangenschaft leben, einem Wilderer abgekauft. Irgendwann schleiche ich nach draußen, um sie mir anzuschauen. Unvermittelt tauchen die wachen, leuchtenden Augen in der Finsternis auf… Ein magischer Augenblick, der sich in mein Gedächtnis einbrennt.

Tags darauf beginnt die Arbeit. Mithilfe von Telemetriesendern sollen die Wanderungen eines kleinen Rudels 24 Stunden lang verfolgt werden. Bei einer Sender-Reichweite von 30 km bedeutet dies, dass der Empfänger den Wölfen folgen muss. Wölfe haben große Ausdauer und legen in der Regel über 60 km am Tag zurück. Für uns bedeutet das Schnitzeljagd und lange, erschöpfende Märsche durch bis zu den Oberschenkeln reichende Schneeschichten. Es werden lange Märsche, auf denen ich auch etliche Wolfsspuren entdecke: Pfotenabdrücke, Exkremente, Beutereste. Dafür weit und breit kein einziger Wolf… Selbst die Forscher sind ihm in zehn Jahren nur zweimal begegnet. Das zeigt, wie scheu der Räuber ist!

Gewöhnlich streifen Wölfe in Rudeln umher und bewegen sich in den Bergwäldern in Höhenlagen von 400 bis 1500 m. Häufig benutzen sie die immer gleichen Pfade, die sie mit Urin und einem Sekret der Analdrüsen markieren. Auf diese Weise erkennen sie nicht nur ihr eigenes Revier, sondern teilen fremden Rudeln auch ihre Anwesenheit mit. Der Winter ist auch die Zeit der Paarung, die in der Regel nur das dominante Paar vollzieht. Die anderen Rudelmitglieder warten mehrere Wochen auf die Geburt der Welpen und ziehen diese dann auf.

Auch Braunbären leben in den Karpaten. Sie dürfen mit einer Höchstquote von etwa zehn Prozent des Bestandes offiziell bejagt werden. Um das meiste aus diesem äußerst lukrativen Treiben zu holen, wurden die Bestandszahlen von den Behörden anscheinend viel zu hoch angesetzt. Lokalen Naturschützern und Forschern zufolge soll der tatsächliche Braunbärenbestand um ein Drittel geringer sein. Die Verstädterung, die den Lebensraum der Großraubtiere zerstückelt, trägt ebenfalls zum Populationsschwund vieler Arten bei.

Bei meinen Schneeschuh-Wanderungen traf ich auf einige Waldbewohner: Spechte, Habichtskäuze, Auerhähne… In der Nähe unserer Hütte konnte ich am Fluss stundenlang Wasseramseln beobachten – kleine, bis zu 18 cm große Federknäuel, die maximal 70 g auf die Waage bringen. Der zu den Sperlingsvögeln zählende Vogel kann als einziger tauchen und schwimmen. Aufgrund dieser Lebensweise ist er mit einzigartigen Körpermerkmalen ausgestattet: Wasserdichte Membranen schützen seine Nasen- und Ohrenöffnungen, und sein feines, dichtes Gefieder ist absolut wasserundurchlässig. Im Unterschied zu vielen anderen Vogelarten besitzt er zudem

mit Mark gefüllte Knochen, die ihm größere Dichte und mehr Widerstand verleihen. Dies erlaubt ihm ein leichteres Zurechtkommen in seinem aquatischen Lebensraum. Die Augen der Wasseramseln sind ebenfalls durch eine Membran geschützt und ermöglichen ihr eine gute Sicht unter Wasser.

Die Kälte scheint der Wasseramsel nicht das Geringste auszumachen, sie ist weiterhin geschäftig, auch wenn ihre Krallen schon anfangen auf den vereisten Stellen festzufrieren. Sie kann am Ufer und auf dem Gewässergrund laufen und bevorzugt Stellen an Stromschnellen, wo sie von Stein zu Stein hüpft und regelmäßig den Kopf ins Wasser steckt. Bei ihren zahlreichen täglichen Kurztauchgängen verschafft sie sich Nahrung in Form von Wasserinsekten und -larven; etwa Käfer, Eintagsfliegen, Rückenschwimmer und Köcherfliegen, die sie auf dem Kiesbett und unter den Steinen findet. Sie ernährt sich vornehmlich von Bioindikatoren, also von Arten, deren Vorhandensein etwas über die Qualität des Lebensraumes aussagt.

Ich machte mich mit dem Verhalten und den Gewohnheiten der Wasseramsel vertraut und tarnte meine Anwesenheit so lange, bis sie mich nicht mehr wahrnahm, immer näher kam und mir so einige Nahaufnahmen erlaubte, bevor meine Finger zu klamm waren, um auf den Auslöser zu drücken.

Wölfe sind soziale Tiere, die im Rudel leben. Die hierarchisch gegliederte Gruppe wird von einem Wolfspaar, den sogenannten Alphatieren, angeführt. Ob Jagd, Fortpflanzung, Aufzucht des Nachwuchses oder hier das Spielen: Das ganze Leben eines Wolfs ist innerhalb dieser Struktur organisiert, in der sich auch starke soziale Bindungen entwickeln.

Unermüdlich erforscht die Wasseramsel auch kleinste eisfreie Wasserstellen, deren Anzahl aufgrund der anhaltenden Kälte von Tag zu Tag schrumpft. Ihre körperlichen Anpassungen erlauben es ihr, zur Nahrungsbeschaffung unter Wasser zu tauchen, zu laufen und zu sehen.

Der Auerhahn ist zwar sehr imposant, aber deswegen nicht leichter zu entdecken. In den weiten Mischwäldern Rumäniens findet der äußerst scheue Vogel Schutz.

Das scheue Haselhuhn sieht man nur selten. Hier hat es seinen Unterschlupf verlassen und kauert in einer Schneemulde, um der bissigen Kälte der Nacht zu entfliehen.

Als ich durch den dunklen Karpatenwald wanderte, erhellte eine Lichtschneise die Spuren, die zwei Wölfe in der vorangegangenen Nacht hinterlassen haben.

AUF ENTDECKUNGSREISE IN DEN KARPATEN

Nicht verpassen

- Die Gegend des Piatra-Craiului-Gebirges unweit von Zarnesti. Von hier stammen die Fotos dieser Reportage.
- Das Bucegi-Gebirge lohnt ebenfalls einen Umweg.
- Es gibt mehrere Rundwanderwege, im Winter auch für Schneeschuhläufer und Skifahrer.
- Was wären die Karpaten ohne Graf Dracula … Mehrere Schlösser, z. B. nahe Sighişoara und Târgovişte, erinnern an die Legende und sind für Besucher geöffnet.
- Das Donaudelta ist eine eigene Reise wert, vor allem im Frühjahr. Aufgrund seiner ökologischen Reichtümer (z. B. Rosapelikane, Seeadler und Löfflerkolonien) wurde es von der UNESCO als Biosphärenreservat anerkannt.

Praktische Tipps

- Die Bevölkerung ist ausgesprochen gastfreundlich, und viele Rumänen sprechen auch ein bisschen Deutsch. Vorsicht ist im Winter auf den Landstraßen geboten, da häufig schlecht oder nicht beleuchtete Fahrzeuge unterwegs sind.
- Informationen über Wanderungen in den Karpaten inkl. Routen bietet folgende Website: http://www.transcarpates.org. Die Wegmarkierung auf den Wanderrouten ist teils willkürlich. Es wird daher dringend empfohlen, detaillierte Karten mitzunehmen.
- Berichte über das inzwischen beendete Forschungsprogramm zum Schutz von Großraubtieren in Rumänien sind auf der Website: http://www.clcp.ro zu finden. Für Informationen zur Situation der Großraubtiere in Europa im Allgemeinen sei auf http://www.lcie.org/ verwiesen.

Unterkunft

- Der Leiter des Projekts zur Erforschung und zum Schutz von Großraubtieren bietet Pferdetouren mit Übernachtung in einer bei Brasov gelegenen Herberge an. Weitere Informationen siehe: http://www.equus-silvania.com
- Das Mieten einer Berghütte ist billig und insbesondere im reizvollen Bucegi-Gebirge empfohlen. Reservierungen sind im Winter nicht erforderlich.

In den entlegenen Winkeln der Karpaten ist das Leben noch sehr ursprünglich.

Erste Lichtstrahlen in einem Tal unweit von Zarnesti.

Die Inseln der Waddenzee

Vor den Niederlanden, Deutschland und Dänemark bilden die Friesischen Inseln einen 10'000 km^2 umfassenden Dünenstreifen, der die Küste vor den Stürmen der Nordsee schützt. Fünf der rund fünfzehn Friesischen Inseln gehören zu den Niederlanden. Sie liegen in der Waddenzee, dem größten Wattenmeer Europas. Das Wort «Wattenmeer» stammt übrigens aus dem niederländischen «wadden», was so viel wie «flach» bedeutet.

Von der Stadt Den Helder auf dem Festland kann ich nach Texel blicken, der größten und einwohnerreichsten Insel. Ich stehe auf einem Pier mit hübschen Holzpontons, an dem alte Segelboote vertäut sind, und suche mit dem Fernglas den Horizont ab. Im Schlickboden wimmelt es von Vögeln, die aus Sibirien und Skandinavien hierhergezogen sind, um in den nahrungsreichen Gewässern des Wattenmeers zu überwintern. Bei Ebbe picken sie Mollusken, Würmer und Krebstiere aus den Algen am Boden. Mit der Flut kehren auch die Fische zurück, die sich ebenfalls von diesen Tieren ernähren.

Tags darauf steige ich in einem kleinen Flugzeug in die Lüfte, um die Inseln aus der Vogelperspektive zu fotografieren. Von hier oben bekommt die Landschaft eine andere Dimension: Flüsse mäandern durch die Felder und transportieren Sand und Schlick ins Meer. Die Küste ist gezeichnet von der ständigen Bewegung durch Wind und Strömungen.

Polder, Brackwasserbecken, durch Kanäle getrennte Felder und Straßen bilden geometrische Muster. Unter mir

Breite Sandbänke im Wattenmeer bieten Seehunden willkommene Ruheplätze. Sie warten auf die Flut, um wieder auf die Jagd gehen zu können.

Das Wattenmeer aus der Vogelperspektive. Jedes Jahr machen Millionen Zugvögel auf den weitläufigen Schlickflächen und zahlreichen Inseln einen Zwischenstopp auf ihrer Reise. Sie finden hier reichlich Nahrung und genügend Platz zum Ausruhen.

Alpenstrandläufer (links) und Reiherente (rechts).

Mit seinem Schaum zeichnet das Meer cremefarbene Arabesken in die ausgedehnten Sandstrände der Friesischen Inseln.

entfaltet sich die Arbeit der Natur, aber auch die des Menschen, der dem Meer nach und nach kultivierbares Land abgerungen hat.

Ich stehe wieder auf festem Boden, über den noch immer der Winterwind fegt. Als Nächstes setze ich mit der Fähre über nach Het Horntje im Süden von Texel. Den Westen der Insel säumt ein Dünengürtel, in dessen Schutz Seen, Sümpfe und Pinienwälder liegen. Im Osten begrenzen Deiche das Eiland zum Wattenmeer. Ich erkunde zunächst die Bucht Mokbaai im Südwesten, wo sich unzählige Wat- und Entenvögel ein Stelldichein geben: Zehntausende Austernfischer neben zahllosen Säbelschnäblern, Brandgänsen und Löffelenten. Im Friesenkraut gehen sie auf Nahrungssuche. Weiter oben, auf der Düne, wächst Ginster zwischen Schwingeln und Strandastern.

An der Westküste gehe ich der Insel entlang. Strandbinsen verleihen den Dünen ein goldenes Aussehen, Sanddornsträucher stellen die letzten orangefarbenen Beeren zur Schau.

Dicht an dicht gereiht, trotzen die Alpenstrandläufer dem kräftigen Nordwind. Diese nur ein paar Dutzend Gramm wiegende Art kommt im Wattenmeer am häufigsten vor.

Alpenstrandläufer und Kiebitzregenpfeifer im Abflug. Diese Watvögel gehen bei jeder Ebbe im krebs- und molluskenreichen Schlick des Wattenmeeres auf Nahrungssuche.

Dank der Minusgrade gedeihen hier auch mehrere Wildblumenarten, die nur dank der Kälte auskeimen können. Geißblatt rankt sich zwischen ein paar Malven und trägt zur Stabilisierung der hohen Dünen bei, die bis weit ins Inselinnere reichen. Birken und Weiden, die sich hier durch natürliche Bestäubung vermehren, wachsen nicht besonders hoch und haben höchst bizarre Formen, da sie ständig dem Wind ausgesetzt sind.

Die Naturschutzgebiete folgen aufeinander. In jenem auf De Geul nistet die Waldohreule, und in Bollekamer kann man eine Reihe Sperlingsvögel beobachten. Weiter im Norden liegt das Naturschutzgebiet Westerduinen, welches weitläufig mit Dünen und Wald bedeckt ist und der natürliche Lebensraum für eine große Lachmöwen-Brutkolonie ist. Im Naturreservat De Muy leben über siebzig Löffelreiher-Brutpaare, deren nördliche Verbreitungsgrenze in Texel verläuft. Die Eiderente nistet im Salzwassersumpf von De Slufter, wo auch Ohrenlerche und Schneeammer zu finden sind. Hinter den Dünen sieht man häufig Berghänflinge auf den Feldern. Im Norden der Bucht erspähe ich ein paar Raufußbussarde und Sumpfohreulen.

Zur See hin erstreckt sich Schlickboden, auf dem die langschnäbeligen Seevögel eifrig beim Futtersuchen sind. Zwerg-, Dreizehen- und mehrere Dominikanermöwenarten

stolzieren neben den Seehunden einher, die sich auf den Sandbänken in der Sonne wärmen. In den Brackwasserbecken im Inselinneren leben Reiherenten, und auf den bewirtschafteten Feldern drängen sich zu dieser Jahreszeit Ringelgänse, Austernfischer, Rotschenkel, Uferschnepfen und Kiebitze. Gelegentlich huschen Hasen und Kaninchen in ihrer Nähe vorbei, um sofort wieder hinter dem Schilfrohr zu verschwinden, das die Fahrrinnen säumt.

Auf meinem Rückweg entlang der Ostküste mache ich zunächst halt in De Cocksdrop. Dies ist zweifellos die beste Stelle auf der Insel, um Pfuhlschnepfen, Knuttstrandläufer, Eiderenten und Ringelgänse zu beobachten. Und auf dem Polder von De Endracht begleiten Hunderttausende Stelzvögel, Pfeifenten und Schwäne die eintreffenden Gänsescharen: Graugänse, Saatgänse, Kurzschnabelgänse, Blässgänse … Alle haben sich hier im Herzen des von den Friesischen Inseln gebildeten Biosphärenreservats und Weltnaturerbes eingefunden, das in enger Zusammenarbeit von den Anrainerstaaten des Wattenmeers verwaltet wird.

Unablässig weht der Wind auf den Friesischen Inseln, fegt über den langen Sandstrand am Leuchtturm von Eierland (oben) oder über die Dünen des Naturreservats De Bollekamer (linke Seite). Beide Gebiete liegen an der wilden Westküste von Texel.

Zarte weiße Flocken hüllen die Landschaft langsam ein. Die Zeit scheint unter dem Blick der Graugänse und Schafe zu gefrieren. Zwar fallen die Temperaturen auf den Watteninseln nicht sehr tief, doch ein frischer Wind begleitet jeden Ausflug.

AUF DEN WATTENINSELN

Nicht verpassen

- Die Friesischen Inseln Texel, Vlieland, Terschelling, Ameland und Schiermonnikoog.
- Die Polder im Süden und Osten des durch einen großen Deich vom Wattenmeer abgetrennten Ijsselmeers. Diese Polder weisen die höchste Vogeldichte auf. Es werden dabei zwei Zonen unterschieden:
  - Flevoland (im Süden, bei Lelystad), das aus zwei Teilstücken besteht: einem landwirtschaftlich genutzten und einem naturbelassenen Polder mit Röhricht- und Sumpfgebieten.
  - Friesland (im Osten, bei Lemmer), das ich bevorzuge, da es dünner besiedelt und weniger strukturiert ist als Flevoland.
- Das Wattenmeer erstreckt sich über die Niederlande hinaus entlang der deutschen und dänischen Küste: Zahlreiche Inseln und Schutzgebiete sind hier zu entdecken, welche die drei Länder in enger Zusammenarbeit verwalten.

Praktische Tipps

- Die Watteninseln können zu Fuß, mit dem Fahrrad (Fahrradvermietung vor Ort) und teils mit dem Auto erkundet werden. Letzteres kann man auf der Fähre nach Texel (Abfahrt in Den Helder) und Ameland (Abfahrt in Holwerd) mitnehmen. Weitere Informationen: http://www.wadden.nl/
- Auf Texel, der größten der fünf Inseln, bietet das Wattenmeer- und Nordseeinformationszentrum «EcoMare» Naturexkursionen und Ausstellungen an.
- An der Nordseeküste kann es im Winter sehr windig sein. Gegen die Kälte ist warme, wasserdichte Kleidung unerlässlich.

Unterkunft

- Auf allen Inseln gibt es Gästezimmer, Hotels, Ferienbungalows und Campingplätze (www.stayokay.com). Auf Texel, Terschelling und Ameland sind auch Jugendherbergen zu finden.
- Wildes Zelten ist verboten.

Bewirtschaftete Felder auf Texel aus der Vogelperspektive.

Die Polder von Texel sind im Osten durch einen langen Deich geschützt.

Frühling

- Vogelparadies Extremadura (Spanien)
- Białowieża – Der letzte Urwald Europas (Polen)
- Die Tatra – Zwischen Bergwiesen und spitzen Gipfeln (Slowakei)

Vogelparadies Extremadura

Zwischen Portugal und Andalusien erstreckt sich die Extremadura, eine Provinz, die sowohl mit natürlichen als auch mit kulturellen Reichtümern aufwarten kann. Es ist Frühling, die ersten Sonnenstrahlen kommen hervor, streicheln zärtlich die Mauern der Häuser und die Haut der Menschen. Ich bin in Cáceres, einer spanischen Stadt, in der die Spuren längst vergangener Zeiten zweifellos noch deutlich zu sehen sind. Im Schutze einer von den Almohaden errichteten Stadtmauer liegt die Altstadt mit einem Mix aus Baustilen, der von römisch, maurisch und gotisch bis zu Bauwerken der Renaissance reicht und ihr den Status eines Weltkulturerbes eingetragen hat. Nicht minder beeindruckend sind die Schwalben und Störche, die in Scharen über die Dächer und Kirchtürme fliegen und von der Stadt scheinbar Besitz ergriffen haben.

Ich lasse die Ebenen von Cáceres hinter mir und sehe auch auf dem Land unzählige Vögel. Bäume spenden Zwei- und Vierbeinern willkommenen Schatten. Die Umgebung ist klar strukturiert und wird extensiv bewirtschaftet. Sie dürfte mit dem, was die Römer zu Zeiten ihrer Eroberungen hier vorfanden, nicht mehr viel ähnlich haben.

Die untergehende Sonne verleiht dem Steinkauz eine rosafarbene Borte. Stolz und wachsam lässt er seinen Blick auf der Suche nach Insekten und kleinen Säugetieren umherschweifen. Als Begleiter der Göttin Athena ist der kleine Eulenvogel seit der Antike das Symbol der Weisheit.

Leicht und meisterhaft rauscht der Mönchsgeier (unten) mit seinen 3 m weit gespannten Schwingen in Reichweite meines Teleobjektivs durch die Luft. Aber auch die nur etwa 20 Zentimeter langen Steinkäuze (Fotos oben) sind hier zu finden. Die Extremadura ist unbestritten eine der besten Regionen Europas, um Raubvögel zu beobachten.

Eine junge Wiesenweihe auf ihrem Beobachtungsposten. Bei der Jagd fliegt sie geschickt nur wenige Meter über dem Boden. Erst am Ende des Sommers bricht sie in ihr Winterquartier südlich der Sahara auf.

Bei dieser sanft anmutenden Landschaft handelt es sich um die *Dehesa*. In tiefgrünen Wellen ziehen sich die vom Menschen gepflanzten Korkeichenwälder dahin. Die Bäume werden so beschnitten, dass sich ihr Blattwerk verbreitert und gleichmäßigen Schatten wirft. Ihre Rinde wird alle zehn Jahre schonend geerntet. Das Fällen der Bäume ist hierzu nicht nötig. In diesen lichten Wäldern weiden Rinder, Schafe und Schweine in friedlicher Koexistenz mit unzähligen Wildtieren, die hier Nahrung im Überfluss finden. Besonders reich ist die Vogelfauna. In den Wiesen schreiten Weißstörche auf der Suche nach Fröschen, kleinen Nagetieren und Heuschrecken umher. Die Störche ahnen nicht, dass automatisch eine Untersuchung eingeleitet wird, falls einer der ihren stirbt – der Artenschutz verpflichtet.

Wiesen und Kornfelder trennen die Hügel der *Dehesa*. Auf den ausgedehnten, offenen Flächen findet man den Gleitaar – einen seltenen Raubvogel –, die Blauelster, den Häherkuckuck und Steppenvögel wie Großtrappe, Zwergtrappe, Triel sowie Sand- und Spießflughühner. Ein Viertel des weltweiten Bestands der als stark gefährdet geltenden Großtrappe lebt in diesem Teil Spaniens. Der ungeschickte Vogel fliegt nur selten und bevorzugt deshalb die weiten Ebenen der trockenen, freien Steppen. In der Extremadura, fühlt er sich sicher, weil er potenzielle Feinde schon aus der Ferne ausmachen und leicht in alle Richtungen fliehen kann. Früher war die Trappe in vielen osteuropäischen Ländern vertreten. Sie hatte sich auf offenem, gerodetem Gelände angesiedelt, das der Mensch mit der Abholzung riesiger Waldflächen zur Bewirtschaftung geschaffen hatte. Doch mit dem Aufkommen landwirtschaftlicher Maschinen und dem Einsatz hoch dosierter Pflanzenschutzmittel verschwand sie aus Osteuropa. Für den Erhalt der Art ist nur noch die Population der Extremadura von Bedeutung.

Schon auf meiner Reise in die Extremadura sind mir die zahlreichen Feuchtgebiete aufgefallen: bewässerte Felder, Wasserreservoirs und Teiche. Da die Wassergewinnung aus Flüssen kein leichtes Unterfangen ist, wurden seit der Römerzeit viele kleine Lagunen angelegt, die Lebensraum und Nahrungsgrund für Fische, Reptilien und Amphibien bilden. Unzählige Taucher, Blässhühner und Reiher haben sich dort niedergelassen. Für Hobbyornithologen von besonderem Interesse ist der mitten in Steppen und Kulturland liegende Stausee Embalse de Talaván unweit von Torrejón el Rubio.

Die elegante Blauelster lebt in den Laubwäldern der Iberischen Halbinsel. In Europa kommt sie nur in dieser Region vor.

Zwischen den Korkeichen der Dehesa streifen Nutz- und Wildtiere umher. Im Schatten gönnt sich der Fuchs, wenngleich mit gespitzten Ohren, eine kleine Siesta.

Hier leben vor allem Schwarzstörche, Rotmilane, Bienenfresser und Blauracken. Im Gegensatz zu den kleinen Wasserstellen, die ganze Ökosysteme entstehen lassen, verändern große Bauten, die weite Teile des Flusslaufes in Seen verwandeln, die Lebensräume. So verschwinden allmählich auch die natürlichen Auenwälder. Schwarzstörche, die dort nisteten, müssen sich nun Felswände mit Raubvögeln teilen.

Doch auch unberührte, von der Landwirtschaft bislang verschonte Gebiete finden sich in der Extremadura. So zum Beispiel im nördlich von Cáceres gelegenen, über 18'000 ha große Nationalpark Monfragüe, der den Tajo und das letzte Stück des Tiétar säumt. Er wurde 1979 eingerichtet, um der Entwaldung in der Provinz Extremadura entgegenzuwirken. Damals mussten im Norden von Monfragüe zum Teil hundertjährige Eichen den für die Papierindustrie bestimmten Eukalyptusplantagen weichen. Die Folgen davon waren katastrophal: Die Böden wurden unfruchtbar, und das hydrogeologische Gleichgewicht der Region geriet durcheinander.

Dank der Schutzmaßnahme blieb der Süden von Monfragüe unversehrt. Heute stehen hier und da noch einige Eu-

Sitzstangen sind in den weiten Ebenen der Extremadura eher selten. So dient selbst der kleinste Draht als Beobachtungs- oder Jagdposten. Das Schwarzkehlchen hält Wache und schlägt Alarm, sobald sich ein Eindringling nähert.

Der eine mit Biene im Schnabel, der andere schon satt: Bienenfresser zählen zu den farbenprächtigsten Vögeln auf unserem Kontinent.

Ausblick von der Burg Monfragüe auf den gleichnamigen Nationalpark bei Sonnenaufgang. Der Tajo schlängelt sich durch die sanften, bewaldeten Hügel. Bald werden die Geier die ersten aufsteigenden Luftströmungen nutzen, um nahezu mühelos über die Dehesa-Landschaft zu gleiten.

kalyptusbäume, die jedoch allmählich wieder von heimischen Arten ersetzt werden.

Der Zutritt zum Nationalpark ist beschränkt, da ein Großteil unter strengem Schutz steht. Doch allein schon dessen nördlicher Bereich ist absolut atemberaubend. Zwischen den bewaldeten Hügeln winden sich die Flüsse Tajo und Tiétar durch reizvolle Schluchten, die zum Spaziergehen einladen. Gebirgszüge (die sogenannte «Sierra») umgeben den Park. Auch die Dehesa liegt in der Nähe. Die Vegetation im Nationalpark ist gut erhalten, insbesondere an den Nordhängen, wo noch schöner Eichenwald steht. Auf den feuchteren Schattenseiten der Berge gedeihen Zistrosen, Binsen, Ginster, scharlachrote Alpinien, Erdbeerbäume, Thymian, wilde Olivenbäume und wilde Pistazien (Mastixsträucher).

Ich ziehe weiter, vorbei an einigen standhaften Eukalyptusbäumen, in das kleine Dorf Villarreal de San Carlos, in dem sich das Besucherzentrum des Nationalparks befindet. Dessen Dokumentation und die ornithologisch kundigen Führer geben gerne Auskunft über die Lage von Nistplätzen, an denen einige Arten seit vielen Jahren immer wieder anzutreffen sind. Man macht mich auf einen Wanderweg zu einem Turm aufmerksam. Von dort oben kann ich mein Fernglas auf ein Mönchsgeiernest richten, das auf einer spektakulären Korkeiche thront. An Beobachtungsstellen mangelt es jedenfalls nicht. Ich steige hinab zum Puente del Cardenal, wo Tajo und Tiétar zusammenfließen. Schwarze, feuchte Erde bedeckt den zum Ufer abfallenden Hang. In der Ferne ist gelbes Weideland zu erkennen, auf dem verstreut Quarzitbrocken liegen.

Ein Steinkauz auf dem Sprung ... Er jagt meist abends und morgens. Den Großteil des Tages verbringt er im Schatten einer Mauer, wo sein Federkleid in nahezu perfekt tarnt.

Bei Einbruch der Dunkelheit kehre ich zurück zu meinem Campingplatz im Norden von Monfragüe, wo die Zwergohreule bereits ihren Gesang angestimmt hat, der mich durch die Nacht begleiten wird.

Tags darauf geht es bei Sonnenaufgang zur Burg El Castillo de Monfragüe südlich von Villarreal. Rechts vom Tajo liegt die Sierra Santa Catalina mit dem Felsen Peña Falcon, links ist die Sierra Las Corchuelas zu sehen. Am Ziel angelangt, erklimme ich zwischen Zistrosen, Rosmarin, Myrte und anderen duftenden Gewächsen die Stufen zur Burg, wo mich ein grandioser Ausblick erwartet: Sanft windet sich der Tajo durch bewaldete Hügel. Auf der gegenüberliegenden Seite des Flusses ragt der Salto del Gitano empor, eine immense Felswand, in der viele, zumeist seltene Greifvogelpaare nisten. Zu dieser Zeit herrscht reges Treiben: Kreuz und quer fliegen, landen und starten sie. Gänsegeier, Habichtsadler, Schmutzgeier ... Manche rauschen so dicht an mir vorbei, dass man die Federn fast zählen könnte! Die fortwährende Parade ist fantastisch. Aber auch die übrigen Teile des Schauspiels sind faszinierend: Drohgebärden, sorgfältiges Glätten der Federn, Sonnenbäder, Küken im Nest ... Der geringe Abstand zu den Riesen flößt mir Respekt vor ihrer Flügelspannweite ein, welche zwischen 2,40 und 2,80 m liegt. Ein paar Mönchsgeier verlassen ihr Nest im Felsen, um in der Dehesa nach Aas zu suchen. Am Abend werden sie Seite an Seite mit den Gänsegeiern zurückkehren.

Etwas später bin ich wieder in Villarreal, um die zweite Route im Nationalpark, die zu den Ufern des Tiétars führt, kennenzulernen. Dort unten erregen umherhüpfende Blauelstern meine Aufmerksamkeit, denn diese eher seltenen Vögel kommen in Europa nur auf der Iberischen Halbinsel vor. Am Himmel zieht ein Schlangenadler seine Kreise. Zwischen Korkeichen wandere ich zu einer kleinen Straße, die Richtung Collado Las Cansinas abzweigt. Den Vögeln scheint es hier zu gefallen: Ich treffe scharenweise Blauelstern, Wiedehopfe und Bienenfresser, die ihre prächtigen Farben zeigen. Es besteht kein Zweifel: Die Extremadura ist ein wahres Vogelparadies!

Eine der unzähligen Korkeichen in der Dehesa. Die extensive Waldbewirtschaftung in der Extremadura ist ein gutes Beispiel für die Ausgeglichenheit zwischen Nutzung durch den Menschen einerseits und Schutz der biologischen Ressourcen andererseits.

Sonnenuntergang über einer typischen Landschaft in der Extremadura. Die Ebenen gehören den Trappen, Flughühnern und Trielen, die Dehesa den Blauelstern, Zwergohreulen und Würgern. Im Hintergrund sind die Hügel und Felsen von Monfragüe zu erkennen, wo unzählige Geier und Schwarzstörche nisten.

VOGELFREUNDE, AUFGEPASST!

Nicht verpassen

- Die vielen Sträßchen und Wege in der Dehesa. Die Fußwege stehen jedem offen (aber Vorsicht: Viele Parzellen sind eingezäunt).
- Das Dorf Villarreal de San Carlos mit dem Besucherzentrum des Nationalparks, wo alle notwendigen Informationen für Exkursionen erhältlich sind.
- Spazier- und Wanderwege im frei zugänglichen Nordteil des Parks. Aufstieg zum Schloss von Camineros zum Beobachten von Greifvögeln auf dem Salto del Gitano, einem ihrer Brutfelsen. Abstecher zur Portilla del Tiétar, wo der Uhu seit Langem lebt.
- Die Beobachtung von Steppenvögeln in den Kornfeldern.
- Den Stausee Embalse de Talaván und die Vogelwelt in den Feuchtgebieten.
- Cáceres, für Architektur- und Geschichtsinteressierte.

Praktische Tipps

- Der Frühling ist ideal für einen Besuch in Monfragüe; es ist mitunter aber mit großen Temperaturunterschieden und kalten Nächten (vor allem im April) zu rechnen. Die Extremadura im Internet: http://www.turismoextremadura.es

Der Nationalpark Monfragüe im Internet: http://www.monfrague.com

Unterkunft

- In der Umgebung des Nationalparks Monfragüe liegen 7 Gemeinden (Toril, Serrejón, Serradilla, Torrejón el Rubio, Malpardita, Jaraicejo und Casas de Miravete), in denen man leicht Zimmer findet.
- Auch Plasencia und Cáceres sind hübsche Städte in der Nähe.
- Der Campingplatz von Monfragüe im Norden des Parks ist ideal gelegen. Zu Saisonbeginn sind relativ wenig Touristen im Park, daher benötigt man in dieser Zeit keine Reservierung (außer evtl. am Wochenende und während der Karwoche).

Ein Stier in der Dehesa.

Geologische Formation an der Portilla del Tiétar.

Białowieża – Der letzte Urwald Europas

Wenn man von einem Wald behaupten kann, er stamme unmittelbar aus längst vergangenen Zeiten, dann vom Białowieża-Wald. Er ist der letzte in Europa, der von menschlichen Eingriffen praktisch verschont blieb. Der Mensch lebt hier in tiefer Achtung für seine Umwelt. Darüber hinaus bietet der Nationalpark vielen Einheimischen Arbeit und stellt damit ein echtes Instrument zur regionalen Entwicklung dar. Die zeitlose Landschaft erstreckt sich über 150'000 ha beiderseits der Grenze zwischen Polen und Weißrussland. Der weitläufige, von Mischwäldern geprägte *Puszcza Białowieża* ist nicht nur der älteste Nationalpark in Polen, sondern auch Weltnaturerbe und Biosphärenreservat der UNESCO.

Der gute Zustand des Waldes ist vornehmlich darauf zurückzuführen, dass zu Zeiten der Könige und Zaren jegliche Holznutzung oder Rodung unterblieb. Damals diente Białowieża den Herrschern als privates Jagdrevier. Als der Wisent, das Symboltier der Gegend, verschwand, stellten Wissenschaftler den Wald kurzerhand unter Schutz. So wurden Flächen, die für landwirtschaftliche Nutzung abgeholzt worden waren, sich selbst überlassen und konnten Stück für Stück wieder nachwachsen. Der polnische Wald ist für Naturwissenschaftler in dieser Hinsicht das Paradebeispiel eines Waldreservats.

Wie ein Pflanzenteppich ergreift das Moos Besitz von umgestürzten Bäumen. Totholz ist ein wesentlicher Bestandteil der biologischen Vielfalt, da es zahlreichen Arten Nahrung, Schutz und Winterquartier bietet.

Das Aufeinandertreffen von Taiga und dem Waldkomplex der Karpaten schafft ein natürliches Lebensraummosaik. Zahllose Feuchtgebiete vermischen sich mit dem umgebenden Wald und bilden Ökosysteme mit einer reichen Biodiversität: Białowieża ist die Heimat von über 12'400 Tier- und Pflanzenarten – das ist fast dreißig Mal mehr als in einem angelegten Wald.

Herzstück ist der 4700 ha umfassende älteste und auch am besten geschützte Teil des Parks. Ich gehe dort mit Respekt und größter Vorsicht spazieren, um nichts zu zerstören und keine Spuren zu hinterlassen. Über 500 Jahre alte Baumriesen, 40 m hohe Buchen – meine beiden Arme reichen nicht aus, um diese alten Zeugen terrestrischen Lebens zu umarmen.

Um den Kernbereich des Parkes erstreckt sich der Wald über Tausende von Quadratkilometern. Er bietet Lebensraum für rund fünfzig verschiedene Pflanzengesellschaften, die durch verschiedene Böden und lokale Klimata geprägt sind. Die zahlreichen Flüsse lassen ausgedehnte Sümpfe entstehen, in denen Erlen, Eichen, Hängebirken und Torfmoose gedeihen. Dieses regelrechte Mosaik ist dem Aufeinandertreffen zweier geoklimatischer Zonen, Taiga und Waldkarpaten, zu verdanken. Auf dem besonders fruchtbaren Boden des Kerngebiets wachsen etliche Arten von Sträuchern. Je mehr ich mich davon entferne, desto häufiger werden die Nadelhölzer – ein Zeichen der Bodenverarmung und des Schwunds biologischer Vielfalt.

In der streng geschützten Kernzone singt ein Waldlaubsänger aus tiefster Brust. Der Langstreckenzieher kehrt im April aus seinen afrikanischen Winterquartieren südlich der Sahara zurück.

Dank ihrer perfekten Gestalt kann die Trauerseeschwalbe geschickt und elegant im Flug Insekten jagen. Mehrere Kolonien nisten am Ufer des Siemianowka-Sees.

Über 5000 Pflanzenarten gibt es in Białowieża. Unzählige Pilze, Moose, Flechten, alle erdenklichen Vögel, Säugetiere, Reptilien und Amphibien sind in hoher Dichte vorhanden. Es wimmelt vor Tieren, überall raschelt und ruft es. Nicht selten bekommt man im Laufe eines Vormittags alle Spechtarten Europas, Weiß- und Schwarzstörche, zahllose Sperlingsvögel und verschiedenstes Wild zu Gesicht. Die vorhandenen Arten aufzuführen, nähme, selbst bei Beschränkung auf die außergewöhnlichsten, etliche Zeit in Anspruch. Sogar Begegnungen mit einem Wolf sind im Białowieża-Wald, anders als im restlichen Europa, nicht selten. Biber, Bären, Elche und Luchse gehören ebenfalls zu seinen Bewohnern.

Der Biber ist ein großer Baumeister: Mit seinen Dämmen, die mehrere Hektaren Wald überschwemmen können, verändert er seinen Lebensraum. Die so geschaffenen Feuchtgebiete fördern die Biodiversität durch die Ansiedlung neuer Arten. Auch der Wolf, der natürliche Fressfeind des Bibers, hat daran ein Interesse.

Besucher auf Stippvisite wollen vor allem den Wisent, das Symboltier des Parks, sehen. Dieses korpulente Wildrind, mit einer Widerristhöhe von fast 2 m und einer Länge von 3 m, kann Geschwindigkeiten von 50 km/h erreichen und 2 m hohe Hindernisse überspringen. Es war knapp für den Wisent: Ausgerottet durch die Jagd, hatte er nach dem Ersten Weltkrieg nur noch in einigen europäischen Zoos überlebt. Nach

langwierigen Bemühungen gelang es jedoch, ihn wieder in seinem natürlichen Lebensraum anzusiedeln. 1929 brachte man einige Tiere in eine spezielle Schutzzone in ihrem Herkunftsgebiet. 1952 fand der erste Auswilderungsversuch statt, fünf Jahre später kam der erste frei lebende Nachwuchs zur Welt. Heute umfasst der Bestand des gesamten Parks (in Polen und Weißrussland) etwa tausend Exemplare.

Wisente sind äußerst scheu. Sie flüchten meist, sobald sie Menschen wittern. Ausdauer ist daher gefragt, wenn man sie im Freien antreffen will. Wem dieses Glück nicht vergönnt ist, kann sich Wisente im Gehege anschauen. Das ist zwar kein Vergleich zu einer Begegnung in freier Wildbahn, doch immerhin bleibt das größte Säugetier Europas für die Besucher so nicht nur ein Bild im Lexikon. Ich hatte das Glück, einem Exemplar über den Weg zu laufen, als ich Niedergehölz umgehen musste. Seine massive Gestalt hinterließ einen nachhaltigen Eindruck bei mir. Er erschien mir riesig, und noch riesiger, als er auf mich zu kam! Er war tatsächlich neugierig und ergriff nicht gleich die Flucht. Etwa 20 Meter vor meiner Kamera posierte er für einige Aufnahmen, bevor er wieder abzog.

Manchmal erinnert der Wald an einen üppigen Dschungel. Mückenschwärme umschwirren den Wanderer beim Weg durch die feuchte Umgebung.

Begegnung mit dem hiesigen Symboltier, dem Wisent (rechte Seite). Die massive Gestalt ist sehr beeindruckend, zumal in einem europäischen Wald, in dem man gewöhnlich Rehe und Wildschweine antrifft.

Im Gegensatz zur streng geschützten Kernzone werden die nicht geschützten umliegenden Wälder seit 1993 zunehmend bewirtschaftet. Der Grund: finanzielle Hilfe der Weltbank zur Entwicklung des Forstsektors. Häufig verkommt der Waldrand zur öffentlichen Müllhalde und bietet unkontrolliertem Tourismus Raum. Gegenstand des heutigen Dialogs muss es also sein, den gesamten Wald zu schützen. Ein wichtiges Anliegen, wie Untersuchungen zeigen, denn die Hälfte der in einem Gebiet vorhandenen Arten ist dem baldigen Aussterben geweiht, wenn ihr Lebensraum auf weniger als 10 % seiner ursprünglichen Größe schrumpft.

Morgendämmerung im Wald. Zeit für Waldkauz und Luchs, nach der nächtlichen Jagd schlafen zu gehen. Da der Luchs in der Abenddämmerung und nachts aktiv ist und zudem ein großes Revier bewohnt, sind Beobachtungen selten und schwierig. Im Białowieża-Nationalpark ist diese faszinierende Art gut vertreten, weshalb sie dort auch erforscht wird.

WENN DER RUF DES URWALDS LOCKT…

Nicht verpassen

- Den Nationalpark (siehe Foto unten): Die Kernzone unter Leitung eines zugelassenen Parkführers; die einstige «Zarenlichtung», auf der an die 90 Baumarten wachsen.
- Die wenigen Pfade, die ins Zentrum dieses einzigartigen Waldes führen. Sie sind zu Fuß, per Fahrrad oder zu Pferd zu erkunden.
- Das Wisentgehege, falls Ihnen eine Begegnung in freier Wildbahn versagt bleibt. Weitere Gehege mit Elchen, Wölfen, Luchsen und Pferden, einer durch selektive Kreuzung von Hausrassen entstandenen Nachbildung des heute ausgestorbenen Tarpans.
- Die kleinen, russisch anmutenden Dörfer mit orthodoxen Kirchen und bemalten, strohbedeckten Holzhäusern.
- Die slawischen Grabstätten aus dem 11. Jahrhundert, die einzigen menschlichen Spuren im Wald.
- Den Siemianowka-See: Mit etwas Glück sieht man hier Seeschwalben und andere Vogelarten oder hört den lauten Gesang der Rohrdommeln.
- Das Besucherzentrum in Białowieża.

Praktische Tipps

- Bestimmte Bereiche des Nationalparks dürfen nur unter Leitung eines Parkführers betreten werden.
- Informationen gibt es im Fremdenverkehrsbüro von Białowieża oder im Internet unter: www.bpn.com.pl
- Aufgrund der Nähe zur weißrussischen Grenze sind Zollkontrollen häufig, es ist daher ratsam, stets die Ausweispapiere bei sich zu tragen.
- Mehrere Holztürme erlauben einen anderen Blickwinkel auf den Wald und mit Glück einen flüchtigen Blick auf Wisente oder Wölfe.

Die einstige «Zarenlichtung» und streng geschützte Zone des Parks.

Unterkunft

- Białowieża bietet vom Camping bis zum 3-Sterne-Hotel viele Möglichkeiten.
- In der Jugendherberge im Zentrum von Białowieża kostet eine Übernachtung im Schlafsaal ein paar Euro. Herbergsvater Mieczyslaw ist gleichzeitig Parkführer.
- Komfortabler sind die zahlreichen Pensionen.

Kontakt und Informationen:
http://www.bialowieza.net.pl

Die Tatra – Zwischen Bergwiesen und spitzen Gipfeln

Im Herzen von Osteuropa liegen die Karpaten, eine unberührte Berglandschaft, deren westlicher und höchster Teil, die Tatra, eine natürliche Grenze zwischen der Slowakei und Polen bildet. Tagelang kann man dort in Nadelwäldern, auf Bergwiesen und Geröllhalden umherwandern. Die vielfältige Flora umfasst eine Reihe seltener Arten, wie Glockenblume, Gletscher-Hahnenfuß, Gletscher-Nelke und Steirischer Enzian – allesamt Relikte aus der letzten Eiszeit. Auch gibt es hier einige Hundert Flechten- und Moosarten. Die Liste der hier lebenden Tiere liest sich fast wie ein *Who's Who* der in anderen Ländern bedrohten Arten.

Die damalige Tschechoslowakei schuf 1954 als eines der ersten Länder Europas einen Nationalpark. Heute ist das Gebiet durch die Nationalparks Niedere Tatra und Hohe Tatra, die beide zu einem Biosphärenreservat gehören, geschützt.

Auf dem Weg zur Tatra durchwandere ich flaches Gelände. Hier, und bis auf 800 m Höhe, mussten die einst großen Wälder mit Hainbuchen, Buchen und Eichen der Landwirtschaft weichen. Mein Blick bleibt an einem kleinen Berg in den Feldern hängen, der in der Ebene so verloren wirkt wie eine Insel im Meer. Um ihn herum befindet sich ein Wald aus Weißtannen, Kiefern und Eiben.

Ich erreiche die Niedere Tatra. Der Höhenmesser zeigt 900 m an. Ich stoße wieder auf die Teilnehmer von *Biosphere Expeditions,* einer Organisation von Freiwilligen, die im Bereich des Naturschutzes arbeitet und mit denen ich für meine Reportage einige Wochen lang meinen Alltag teilen werde. Die Wissenschaftler erklären gerade, dass Großraubtiere (Bär, Luchs und Wolf) in der Tatra in hoher Dichte vorhanden sind. Sie sind allerdings nur schwer zu beobachten. So zeigt sich bei-

In der nebelverhangenen Tatra geht die Sonne auf. Das Frühjahr ist in den slowakischen Bergen eine sehr launische Jahreszeit mit unberechenbarem Wetter.

spielsweise der Luchs im Laufe meines Aufenthalts überhaupt nicht. Und der Wolf? Ein Mysterium selbst für die, die ihn erforschen. Zahlreiche Fährten sind auf dem Boden zu erkennen. Aber kein einziges Tier ist in Sicht … Dafür erhaschte ich einen flüchtigen Blick auf einen Bären! An diesem Tag war ich mit einem Freiwilligen von *Biosphere Expeditions* unterwegs. Kurz nachdem wir uns von den anderen beiden Gruppenmitgliedern getrennt haben, erfahren wir über Walkie-Talkie, dass ein Weibchen mit Jungtier in unsere Richtung kommt. Ich bereite alles für eine schnelle Aufnahme vor. Aber der Horizont bleibt leer. Eine Stunde liegen wir auf der Lauer, aber nichts geschieht. Plötzlich ertönt Lärm, den wir einer vermeintlichen Wandergruppe unterhalb von uns zuschreiben. Wir laufen ihnen entgegen und treffen – anstelle von Menschen – auf die Bärenmutter mit ihrem Kleinen. Nur etwa 50 m liegen zwischen uns. Beide Tiere fliehen jedoch, sobald wir sie entdeckt haben. Die Begegnung hinterließ bei mir das seltsame Gefühl, plötzlich ein Tier unter anderen zu sein. Ein Gefühl zwischen Angst und Aufregung.

Durch den Wald steige ich bergauf. In der Ferne hebt sich eine imposante Gestalt von ihrem Ast und fliegt lärmend davon: ein Auerhahn, ein hiesiges Symboltier. Auch Birk- und Haselhühner sind vorhanden, wenngleich nur schwierig zu sehen.

Panoramaansicht der Hohen Tatra (oben): 26 km lang ist das kleinste Hochgebirge der Welt. Etwa zehn Gipfel liegen über 2500 m und bilden damit die höchste Region des Gebirgszugs der Karpaten.
Die Hohe Tatra unterscheidet sich landschaftlich stark von der Niederen Tatra (Mitte), ihre spitzen Berge erinnern an die Hochalpen (unten).

Einem Braunbären in freier Wildbahn zu begegnen, ist ein großartiges Erlebnis. In der Tatra keine Unmöglichkeit, da dort eine der größten Bärenpopulationen in Europa beheimatet ist (schätzungsweise zwischen 600 und 700 Tieren).

Die Täler mit den bezeichnenden Namen – Velické Pleso (Blumensee), Velická Dolina (Blumental) – sind wahre Blumenmeere: Aurikel, Schildampfer, Christrosen, Alpenenzian …

In 1500 m Höhe bestehen die Wälder vornehmlich aus hochgebirgstypischen Zirbelkiefern sowie Vogelbeeren mit ihren kleinen, roten, apfelförmigen Früchten. Im Laufe meines Aufstiegs kommen Fichten hinzu, schließlich sehe ich nur noch zwergwüchsige Bäume. Die Spaziergänger werden rar.

Zum Herzen der Tatra begleitet mich ein erfahrener Bergführer. Vor mir liegt ein langes, kristallines und durch Gletschererosion zerklüftetes Bergmassiv; Granitgipfel, die sich zum Himmel recken, und dazwischen Schluchten und Steilwände, enge Täler und bezaubernde Seen. Eine unberührte, mineralische Landschaft. Je nach Licht erscheint das Gestein grau, grün oder schwarz. Im Westen ragen Granitgipfel empor, deren höchster, Gerlachovski, 2654 m erreicht. Vom Rysy-Berg an der polnischen Grenze öffnet sich der Blick über die gesamte Hohe Tatra. Die Gipfel im Osten sind aus Kalk. Die Vegetation macht sich hier rar: Moose und Flechten bedecken den Boden. An die hundert Seen – Meeraugen, wie die Einheimischen sie nennen – mischen den Frühlingsnebel mit ihren bald dunkelblauen, bald schwarzen, bald glasklaren Gewässern. In 2157 m Höhe befindet sich der höchstgelegene «blaue See», Modré Pleso. Der Hauptkamm der Tatra bildet die Wasserscheide zwischen der (400 km weiter nördlich liegenden) Ostsee, zu der die Flüsse Poprad und Dunajec fließen, und dem Schwarzen Meer (800 km weiter südöstlich), zu dem die Waag fließt.

Ausgerüstet mit Eispickel, breche ich diese Nacht in Begleitung meines Bergführers zu den höchsten Gipfeln auf. Wir erreichen sie zum Sonnenaufgang. Mit Stirnlampe folge ich vorsichtig den Schritten des Profis. Der Pfad ist lang und ziemlich anstrengend. Oben ist alles in Nebel gehüllt. Doch jäh klart der Himmel auf, die Sonne geht vor unseren Augen auf und lässt die schwarzen Felsen zwischen dem ewigen Schnee leuchten. Unvermittelt kehrt der Nebel zurück, verflüchtigt sich jedoch bald darauf wieder. Die Wetterumschwünge gehen hier unglaublich rasant vonstatten.

Wunderschöner Anblick eines Auerhahns mit aufgefächertem Schwanz. Die spektakulären Balzspiele, begleitet vom gutturalen Rufen und Schnabelklappern der Männchen, finden jedes Jahr im Frühling an bestimmten Balzplätzen statt.

Auf den Bergwiesen vergnügen sich junge Murmeltiere, wechseln übergangslos vom Spielen zum Fressen oder Schlafen. Nur ein Steinadler – ihr natürlicher Fressfeind – fliegt gelegentlich vorbei und stört sie in ihrem Treiben.

In der Ferne ertönen leise Hufschläge auf den Felsen. Plötzlich setzt Wind ein und vertreibt den Nebelschleier. Eine graziöse Silhouette zeichnet sich ab, dann zwei, drei, bald an die dreißig: Ein Drittel der Population der Tatragämse, *Rupricapra tatrica*, befindet sich dort vor mir. Die eigenständige Unterart entwickelte sich isoliert von anderen Gamspopulationen (in anderen Karpatenregionen und den Alpen), überlebte viele Eiszeiten und ist hier, und zwar nur hier, seit über 2 Millionen Jahren beheimatet. Heute gehört sie zu den am stärksten bedrohten Arten des Nationalparks, wenngleich der Grund dafür unbekannt ist. Manche vermuten, dass der Druck durch Großraubtiere zu stark ist. Zur Entkräftung dieser von Wissenschaftlern als kaum haltbar angesehenen Theorie – Gämse, Wölfe und Bären bewegen sich in unterschiedlichen Höhenlagen, sodass sich ihre Wege nur höchst selten kreuzen dürften – führt *Biosphere Expeditions* eine mehrjährige Studie durch.

Es ist an der Zeit, die hohen Gipfel zu verlassen und ins Camp zurückzukehren. Hinter meinem Rücken ahne ich noch immer die Gämsen in der Ferne, doch rasch verhallt das Klappern ihrer Hufe.

Die Murmeltiere der Tatra sind sehr gesellig. Zwischen Gestein und Geröll leben sie in kleinen Kolonien auf sonnigen Almen.

Grazile Silhouetten am Abgrund … Schemenhaft löst sich aus dem Nebel eine der 300 Tatragämsen. Die vom Aussterben bedrohte Unterart steht auf der Roten Liste der bedrohten Tier- und Pflanzenarten der Weltnaturschutzunion IUCN (International Union for Conservation of Nature).

Der eindrucksvolle kilometerlange Steinweg, der unter dem kommunistischen Regime von Zwangsarbeitern errichtet wurde, markiert den Höhenweg Magistrala – ein bekannter Wanderweg in der Slowakei, der über den Kamm der Tatra führt. Vielleicht sehen Sie dort eine Kreuzotter, hier ein schwarzes, auch als Höllen- oder Bergotter bekanntes Exemplar.

HINWEISE FÜR WANDERER

Nicht verpassen

- Die Magistrala, ein 46 km langer Wanderweg, der in 1500 bis 2200 m Höhe von Tri Studnicky nach Tatranská Kotlina führt. Die Wanderung dauert ca. 5 Tage bei täglich 3-8 Stunden Wanderzeit, je nach Etappe. Für diesen herrlichen Balkonweg am Südrand des Tatra-Gebirgszugs mit wunderschöner Aussicht auf schroffe Gipfel wird ein Bergführer empfohlen.
- Die vielen weiteren schönen Wanderwege in der Tatra. In der Hohen Tatra zum Teil allerdings nur für erfahrene Bergsteiger geeignet; zu Beginn des Frühjahrs benötigt man Eispickel zum Erklimmen der Gipfel, z. B. Vysoká (2560 m), Vychodna Vysoká (2428 m), Lomnicky Stit (2632 m) oder Krivan (2495 m).
- Den Nationalpark «Slowakisches Paradies», durch den eine 3,5-stündige Wanderung führt, davon 2 Stunden durch eine grüne Schlucht.

Praktische Tipps

- Wenn Sie am Forschungsprogramm über Gämsen und Großraubtiere in der Slowakei als Freiwilliger teilnehmen wollen: www.biosphere-expeditions.org
- Die Wanderwege in der Niederen Tatra sind jedem zugänglich. Für die Hohe Tatra empfiehlt sich ein Bergführer, da dort teils Schwierigkeitsgrade wie in den Alpen bestehen. Wie oft in den Bergen ist mit raschen Wetterumschwüngen zu rechnen.
Tatra-Bergführer: http://www.horskyvodca.com/en
Website des Nationalparks: www.tanap.org
Auskünfte für Wanderer: http://www.vysoketatry.org
- Haben Sie das Glück, einem Bären zu begegnen, senken Sie den Blick und kehren Sie ruhig um. Rennen Sie auf keinen Fall davon: Der Bär ist definitiv schneller als Sie!

Unterkunft

- Hotels und Gästezimmer in den Städten, etliche Campingplätze (Wildzelten verboten), Berghütten und Herbergen.

Achtung, die Sprachbarriere ist nicht zu unterschätzen. Gelegentlich wird Deutsch gesprochen, die Einheimischen sind zudem sehr gastfreundlich.

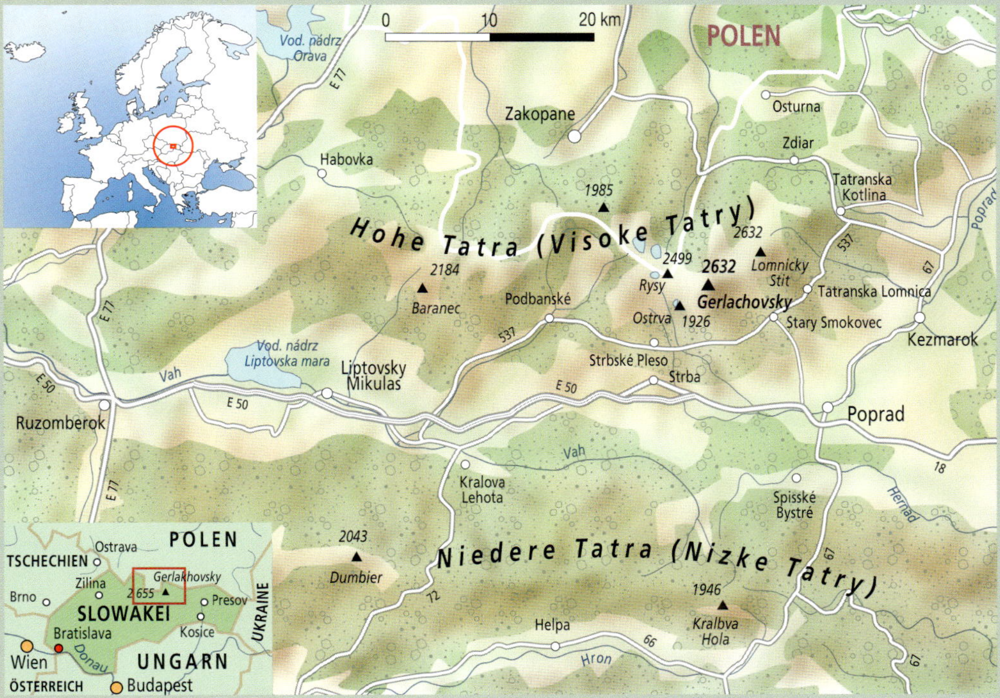

Wandern in der Niederen Tatra.

Bergsteigen in der Hohen Tatra.

Sommer

- Tabernas – Die einzige heiße Wüste in Europa (Spanien)
- Varangerfjord – Der Fjord der Vögel (Norwegen)

Tabernas – Die einzige heiße Wüste in Europa

Im Südosten öffnet sich die spanische Tabernas-Wüste zum Mittelmeer, im Süden wird sie von der Sierra Alhamilla begrenzt, im Norden von der Sierra Las Filabres und im Westen von den Sierren Gádor und Nevada. Die abwechslungsreichen geologischen Formationen und kahlen Berge machen den Reiz der Tabernas aus und laden zu vielen schönen Ausflügen ein – soweit man gegen Hitze unempfindlich ist. Nur selten verschwindet die Sonne in der 29'000 ha großen Wüste, wo jährlich 3000 Sonnenstunden verzeichnet werden.

Aus der Ferne wirkt die kahle Hügellandschaft wie aus samtigem Lehm geformt. So habe ich auf meinem Fußmarsch fast erwartet, in lockerem Boden zu versinken. Doch er ist bröckelig und fest. Ockerfarbenes und graues Kalkgestein, ausgewaschen von den Gewitterregen und vom Wind geformt, prägen die Region. *Ramblas* durchziehen die Hügel wie Narben. Diese die meiste Zeit trockenen Flussbetten verwandeln sich während der Wolkenbrüche im Herbst in kurzlebige Wildwasser. Zwischen den Hügeln bedecken goldgelbe hohe Gräser die Ebenen.

Ich erreiche diese *Badlands* über die A92, die eine eindrucksvolle Landschaft erkennen lässt. Im Herzen der Wüste angekommen, scheinbar fernab jeglicher Hauptverkehrsachse, suche ich verzweifelt nach einer Stelle, von der aus die Straße nicht mehr zu sehen ist. Unmöglich. Jeder Hügel gibt die Sicht auf ein Stück Asphalt frei. Nur in den Ebenen entzieht sich diese Narbe meinem Blick.

Die Erosion formt die Badlands *der Tabernas, eine für Europa ungewöhnliche Landschaft, die große Ähnlichkeit mit manchen Regionen im Westen der USA aufweist.*

Pflanzen, die hier gedeihen, verfügen über Strategien zum Schutz vor Verdunstung und zum Speichern des spärlichen Wassers, das in ihrem Lebensraum vorhanden ist. Die sogenannten Xerophyten sind in einem fossilienreichen Boden verwurzelt, der vom marinen Ursprung der Wüste zeugt. Die Tabernas ist vor 12 Millionen Jahren in 600 m Tiefe durch die sukzessive Anhäufung von Sedimentschichten entstanden. Die Flora des trockenen Habitats ist nur dünn mit Tieren besiedelt: Insekten, Reptilien, Spinnen, Nagetiere und einige Vögel wie Häherkuckuck, Bienenfresser, Blauracke und Steinkauz.

Aufgrund der widrigen Lebensbedingungen blieb die Region lange von menschlichen Eingriffen verschont. Nur das Kino fand auf der Suche nach einer je nach Bedarf amerikanisch oder afrikanisch anmutenden Landschaft seinen Weg hierher. Bei meiner Wanderung durch diese Wüste erlebe ich eine Art Déjà-vu: Es fehlt nur noch das treue Pferd, damit ich mich als Cowboy oder als Abenteurer fühlen kann. Kein Wunder, dass sich die Gegend zum Eldorado des Kinos entwickelte. Über 300 Filme wurden seit den 50er-Jahren hier gedreht, darunter *Indiana Jones und der letzte Kreuzzug* sowie *Zwei glorreiche Halunken*. Heute stehen die meisten Filmkulissen leer. Nur drei «Westernstädte» dienen noch für Aufnahmen von Videoclips und Werbespots.

Im Süden meine ich das schäumende Meer zu erkennen: Über Tausende Hektaren breiten sich in der Ebene von Almería mit Plastikfolie bedeckte Gewächshäuser aus, dringen auf einem rasanten Eroberungszug, der vor über 10 Jahren begann, immer tiefer in die geschützte Umgebung ein. Die rund 16'000 Besitzer mit ihren unzähligen legalen und illegalen Arbeitern liefern die Hälfte des Gemüses für ganz Europa.

Im Westen erstreckt sich über 2000 km^2 die Sierra Nevada mit den Provinzen Almería und Granada. Dieses nach den Alpen zweithöchste Gebirge in Europa entstand während der alpidischen Gebirgsbildung, beim Zusammenstoß von Afrika und dem Iberischen Massiv. Es wächst noch heute 0,5 mm pro Jahr. Die höchste Erhebung ist mit 3482 m der nur 30 km vom Meer entfernte Mulhacén. Dessen Südflanke ist von glatten Ebenen bedeckt, während der Nordhang relativ schroff abfällt. Im Gegensatz zur Tabernas beherbergt die Sierra Nevada eine vielfältige Flora. Zahlreiche Seen und Flüsse setzen mit ihrem Blau reizvolle Kontraste zum metamorphen Gestein.

Südöstlich der Tabernas liegt Cabo de Gata. Der Küste und Land umfassende Naturpark wurde 1987 eingerichtet und ist der einzige Streifen an der spanischen Mittelmeerküste, der nicht zubetoniert wurde. Immer wieder unterbrechen Strände die Felsküste. Von einem Wachturm aus sehe ich zu meiner Rechten und Linken zahllose kleine, versteckte Buchten, steile, dem Meer trotzende Klippen, gewundene Riffe, die meinen Blick zum Meeresgrund führen. Durch Wind und Wasser verwittert, bildet das ockerfarbene und schwarze Vulkangestein mitunter bizarre Formen. Dicke Basaltbrocken stechen hervor. Ein paar Steilwände aus Sedimentgestein zeigen ihre weiße Nase.

Manche Strände sind nur über Trampelpfade erreichbar, die Badegäste und Wanderer im Laufe der Zeit hinterließen. Der Sand kann fein oder ein Kiesgemisch, hell oder dunkelfarben sein. Das Meer ist so klar, dass die Strukturen unter Wasser und die pflanzliche Artenvielfalt deutlich zu sehen sind.

Das Klicken meines Fotoapparats hat die Neugier des Steinkauzes geweckt, der versucht, die Quelle des ungewöhnlichen Geräuschs auszumachen. Diese Eulenart hat sich den semiariden Verhältnissen gut angepasst, nistet in Hohlräumen oder trockenen Steinhaufen und ernährt sich von Insekten.

Temperaturen von 48°C sind in der Tabernas keine Seltenheit, der Niederschlag im Jahr bleibt unter 250 mm. Kahle Hügel und ein von Rissen durchzogener Boden prägen die trockenste Region Europas (linke Seite).

Neptungras, das die Fotosynthese unter Wasser durchführt, bildet den Lebensraum von Seepferdchen. An Land fixieren riesige Agaven im Entstehen begriffene Dünen. Johannisbrotbäume, Dattelpalmen und verschiedene Sträucher beherbergen eine reiche Tierwelt. Manche Pflanzen, sogenannte Ephemere, sprießen nur nach Regen und verschwinden wieder mit der Trockenheit. Bei den Klippen gedeihen endemische Pflanzen neben eingeführten Arten (Agave, Palme, Kaktusfeige).

Die kleinen schlichten Dörfer in Strandnähe sind typisch mediterran und fügen sich mit ihren niedrigen, flach gedeckten und zum Schutz vor der Sommerhitze weiß getünchten Häusern gut in die Umgebung ein. Etliche Schöpfräder ausgedienter Brunnen sind noch vollständig mit Terrakotta-Trögen und Olivenholz-Getriebe erhalten. Der Boden wird im Terrassenanbau bewirtschaftet.

Ein Abstecher in die Sopalmo-Felsschlucht im Herzen des Naturparks Cabo de Gata ist ein unbedingtes Muss. Interessant ist sie vor allem wegen der gut sichtbaren geologischen Formationen (Reste von Vulkankegeln, Basaltströme) und ihren Mineralvorkommen (Blei, Gold, Bleiglanz, Silber, Quarz, Amethyst etc.), die aufgrund hydrothermaler Aktivitäten in der vulkanischen Vergangenheit der Gegend entstanden sind.

Wirbellose sind die Hauptvertreter des Tierreichs in der Tabernas. Vornehmlich anzutreffen sind Insekten: hier ein Violetter Sonnenzeiger (Trithemis annulata) *und eine Blauflügelige Sandschrecke.*

Reglos wartet die Radnetzspinne in ihrem sorgsam gesponnenen Netz auf Beute. Da sie es nicht reparieren kann, baut sie jede Nacht ein neues, nachdem sie das alte aufgefressen hat (rechte Seite).

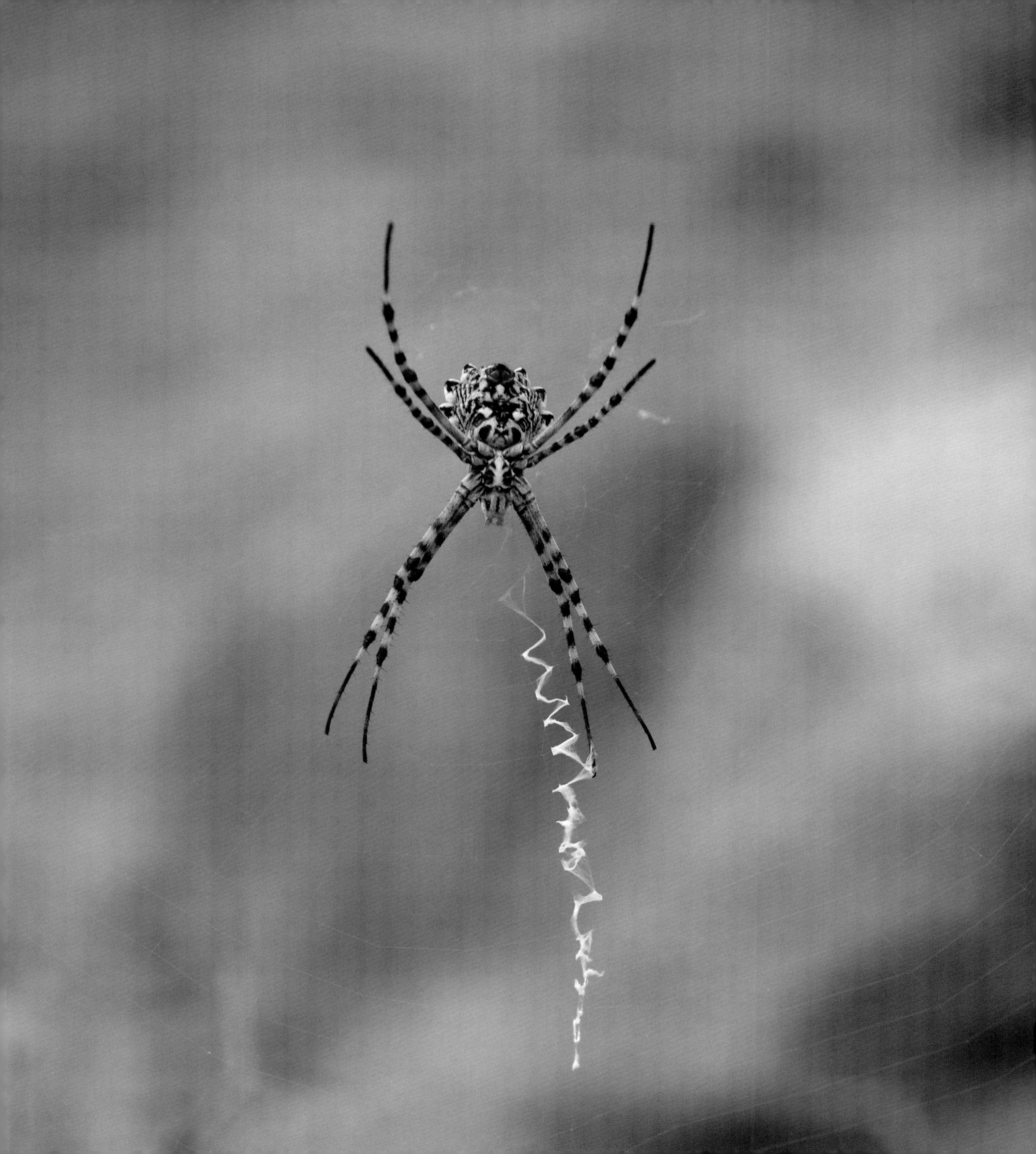

Mit seinem gestreiften, bunten Federkleid und der großen Federhaube ist der Wiedehopf einer der eindrucksvollsten Vögel Europas. In Spanien kommt er häufig vor, sein typischer Gesang begleitet den Wanderer in der Tabernas.

Die Tabernas ist ein trockenes Universum aus Ramblas, vertrockneten Canyons und zerfurchten Hügeln unter der gnadenlosen Sonne Andalusiens. Die wenigen staubigen Pfade, die die 20 km² kleine Wüste durchziehen, vermitteln ein einzigartiges Gefühl der Abgeschiedenheit.

ENTDECKEN SIE DIE TABERNAS UND IHRE UMGEBUNG

Nicht verpassen

- Eine Wanderung durch die Tabernas-Wüste.
- Das Museum, das in verständlicher Art und Weise die Bedeutung von Wüsten erklärt.
- Die im 2. Jahrhundert erbaute Festung Castillo de Tabernas.
- Die Sierra Nevada, die mit zahlreichen Wanderwegen (GR7) in üppiger Vegetation und erfrischendem Klima eine willkommene Abwechslung bietet.
- Die kleinen Straßen der trockenen Sierren Alhamilla, Los Filabres und Gádor.
- Den Naturpark Cabo de Gata.

Hier eine kleine Auswahl weiterer Sehenswürdigkeiten:

- Der Strand von Cala San Pedro: Eine über einen steilen Küstenweg oder per Boot erreichbare Enklave und der einzige Strand im Naturpark mit Süßwasserquelle (ideal für alle, die Robinson Crusoe nacheifern wollen). Klares Wasser, feiner Sand. Oberhalb des Strands befindet sich eine kleine Burgruine mit schönem Blick auf die Küste.
- Die fossilen Dünen von Los Escullos.
- Die Gemüsegärten und Oliven-, Mandel- und Feigenbäume in Las Hortichuelas.
- Die natürliche Lagune bei Almadraba de Monteleva, in der unter anderem Rosaflamingos, Säbelschnäbler, Uferschnepfen, Seidenreiher und Stelzenläufer zu sehen sind.

Praktische Tipps

- Auf der offiziellen Homepage von Andalusien finden Sie Informationen über die Tabernas, die Sierra Nevada und Cabo de Gata: http://www.andalucia.org Im südlichen Andalusien können die Temperaturen im Sommer auf 48°C steigen: Bei Wanderungen ausreichend Wasser und eine Kopfbedeckung mitnehmen!
- Weitere Informationen über die Region von Cabo de Gata bietet eine Organisation, die sich für deren Erhalt einsetzt: http://www.cabodegata.net

Unterkunft

- Unterkünfte findet man größtenteils an der Küste. Ein paar Möglichkeiten gibt es auch in der Ortschaft Tabernas.

Oase am Straßenrand auf dem Weg in die Ortschaft Tabernas: Relikte der Dreharbeiten für den Film Lawrence von Arabien.

Varangerfjord – Der Fjord der Vögel

Der äußerste Norden Norwegens gleicht nicht dem Rest des Landes, denn er ist flach und nicht sehr hoch gelegen. Gleichwohl findet man hier hochgebirgstypische Vegetation. Ich überquere den Polarkreis, und je näher das Nordkap rückt, desto karger wird die Flora. Die Taiga – der nördlichste Wald, den es gibt – weicht rasch der Tundra. Dies ist eine von Wasserläufen erodierte Landschaft, die stellenweise von ewigem Schnee bedeckt ist. Zahlreiche Fjorde zerklüften die Küste, deren bedeutendster der Varangerfjord ist. Er ist nur dünn besiedelt (nicht einmal ein Einwohner pro Quadratkilometer), und Fischerei stellt hier die Hauptbeschäftigung der Menschen dar.

Der Sommer ist kurz auf der Halbinsel Varanger, dafür bietet er ein einzigartiges Spektakel: die Mitternachtssonne. Von Mitte Mai bis Ende Juli geht die Sonne keine Sekunde lang unter. Sie zeichnet eine Ellipse in den Himmel und streift das Meer am Abend, verschwindet jedoch nie ganz. Alles gerät durcheinander! Ich verliere meine Bezugspunkte, kann nicht mehr einschlafen. Mein Magen meldet sich nicht mehr, wenn er Hunger hat. Also esse ich nach der Uhr. Anders als die Besucher kommen die Einheimischen anscheinend nicht aus dem Rhythmus. Sie verrichten ihre alltägliche Arbeit und legen sich «nachts» schlafen.

Diese Dreizehenmöwe hat ihr Nest in die Felsklippe gebaut. Über 20'000 Brutpaare pflanzen sich im Varangerfjord jedes Jahr fort.

Die in den Fjord ragende Halbinsel Ekkerøy ist ideal für ornithologische Beobachtungen.

Von links nach rechts: Seidenschwanz, Küstenseeschwalbe, Odinshühnchen und Rotschenkel.

Meine Aktivitäten richten sich nach dem launischen Wetter. Wenn es regnet, schlafe ich, manchmal an die zehn Stunden. Von Zeit zu Zeit strecke ich die Nase hinaus, um Vögel zu beobachten. Sobald es schön wird, packe ich meine Ausrüstung und nehme, manchmal stundenlang, das Auge nicht mehr vom Sucher. Ich darf die seltenen sonnigen Augenblicke auf keinen Fall vermasseln! Selbst bei blauem Himmel bleibt es kalt (im Durchschnitt 8°C). Der Sommer am Varangerfjord entspricht dem Herbst in Mitteleuropa!

Der Varangerfjord ist nur über eine einzige Straße erreichbar, eine seltsame Straße, die uns ans Ende der Welt führt. Sie schlängelt sich zwischen dunklen Klippen und tobender See und wird immer schmaler. Es herrscht eine beklemmende Atmosphäre in dieser Mondlandschaft. Es ist schwer vorstellbar, dass jemand hier Urlaub machen will. Doch bei

Fotografen und Ornithologen ist die Varangerhalbinsel sehr beliebt. Unzählige eindrucksvolle Vögel, die den Winter in Mitteleuropa mit unscheinbarem Federkleid verbringen, geben sich hier in der schönsten farbenfrohen Sommerpracht ein Stelldichein – die Balz verpflichtet!

Vögel, wohin man schaut. Ohrenbetäubender Lärm und strenger Guanogeruch erfüllen die Luft. Es herrscht geschäftiges Treiben: Nester werden gebaut, denn die Paarung steht an. Auf der Halbinsel Varanger lebt die weltweit größte Brutkolonie der Dreizehenmöwe. Die Saison beginnt für die Brutpaare mit einem Wettstreit um den besten Platz für das Nest. Kein Felsvorsprung, keine Landspitze bleibt ungenutzt. Auch absolut schwer zugängliche und rutschige Stellen werden besetzt. Die Folge: wackelige Nester an allen Ecken und Kanten der Klippe und etliche Küken, die infolge eines tragischen Unfalls frühzeitig ums Leben kommen.

Unaufhörlich fegt der Wind über die Tundra.

In der norwegischen Tundra kündigt sich die Paarungszeit an: Die Watvögel zeigen ihre schönsten und farbenprächtigsten Federkleider. Der Mornellregenpfeifer (unten), der am schwierigsten zu beobachten ist, nistet auf menschenfernen Ebenen im Inland. Im Gegensatz dazu ist der Goldregenpfeifer (nebenstehend links) deutlich häufiger auf der fjordnahen Tundra zu sehen, ebenso wie der Alpenstrandläufer (rechts).

Als unbestritten auffälligste von allen hiesigen Arten stellt dieser Kampfläufer (unten) eine beeindruckende Halskrause zur Schau, die er im Laufe des Sommers verlieren wird (nebenstehend). Im Frühjahr liefern sich die Männchen auf Balzarenen in der Tundra Scheingefechte.

Wo Möwen sind, ist auch der Kolkrabe nicht weit, der sich an Eiern und Küken gütlich tut. Angesichts der Nestdichte erwartet ihn hier ein wahres Büfett, dem er nach Herzenslust frönen kann.

Seeschwalben und Raubmöwen starten Scheinangriffe, um nahende Feinde, wie Raubtier oder Mensch, vom Nest fernzuhalten. Schmarotzer- und Falkenraubmöwen hetzen Seeschwalben und Möwen durch die Luft, bis diese ihre Nahrung wieder hervorwürgen. Die Verfolgungsjagden von Jäger und Opfer mit den abrupten, aber vollkommen synchronen Richtungswechseln sind wunderbar anzuschauen.

Auf den Klippen tummeln sich auch Papageientaucher, Alke und Lummen. Als einige Seeadler der Küste entlangfliegen, stieben vor Schreck massenweise Vögel auf. Doch der imposante Raubvogel mit den langen und breiten Flügeln ernährt sich hauptsächlich von Fischresten und Fischen an der Wasseroberfläche.

In den Küstengewässern kreuzen sich mitunter die Wege von Sattelrobben und Walen. Und in den Tiefen der See lebt die Königskrabbe, eine japanische Riesenkrabbe, die in den Fjorden von Russland und Norwegen angesiedelt wurde und deren schmackhaftes Fleisch in Restaurants sehr begehrt ist.

In der Tundra, etwa 15 Kilometer von den Klippen entfernt, nistet die gespenstische Schneeeule, die gelegentlich an der Küste Jagd auf Möwen macht. Ein weiterer in der Tundra vorkommender Raubvogel ist der Gerfalke, der größte unter den Falken. Sein sanfter Flug ist ein wunderschöner Anblick. Ich entdecke dort auch die Küstenseeschwalbe, einen

Kein Windhauch stört die überirdische Atmosphäre. Firnschnee im Juli zeugt vom arktischen Klima, das auf der Varangerhalbinsel herrscht.

beeindruckenden Langstreckenzieher, der den Rekord für die längste Zugstrecke hält. Seine Bestände sollen seit einigen Jahren deutlich schwinden, wie Ornithologen, die regelmäßig den Varangerfjord besuchen, berichten. Als Hauptursache vermuten sie Öllachen im Nahen Osten, die bei der Zerstörung der Ölanlagen während der Konflikte entstanden sind und in denen die Vögel kleben bleiben.

Der permanent vereiste Untergrund auf der Varangerhalbinsel und die niedrig gelegene Hügellandschaft begünstigten die Entstehung von Torfmooren, in denen Torfmoose, Moose und Krautweiden gedeihen. Diese Feuchtgebiete sind Lebensraum für Watvögel. Als mich ein Goldregenpfeifer erspäht, stößt er einen schrillen, lang anhaltenden Schrei aus, um seine Artgenossen vor mir zu warnen. In der Nähe sehe ich auch Strandläufer und ihre Nester, die so gut getarnt sind, dass sie mit der Umgebung zu verschmelzen scheinen. Plötzlich mimt ein erwachsener Strandläufer den Verletzten. Indem er sich als leichte Beute «verstellt», will er potenzielle Feinde vom Nest fernhalten. Welche Opferbereitschaft! Als ich mich umdrehe, fallen mir einige Meter weiter Odinshühnchen auf. Das Männchen brütet, während das bunt gefiederte Weibchen Nahrung beschafft. Dahinter liefern sich zwei balzende Kampfläufer mit aufgestellter Halskrause ein stummes Scheingefecht. Um die Weibchen zu beeindrucken, schlagen sie mit den Flügeln, hüpfen umher und kauern sich auf den Boden.

Ein Elch läuft durch den Wald. Der größte Vertreter der Hirsche kommt in ganz Skandinavien vor, auch in den spärlichen Wäldern der Varangerhalbinsel.

Auch Rentiere streifen in der Tundra umher. Die breiten, spreizbaren Klauen dieser Paarhufer verhindern ein Einsinken im weichen Boden der Moore. Ich beobachte diese seltsamen Tiere eine Zeitlang. Als ein Auto vorbeifährt, laufen sie davon. Mein Blick folgt ihnen, bis ein paar Sperlingsvögel meine Aufmerksamkeit auf sich ziehen: Schneeammern und Ohrenlerchen haben sich eingefunden.

Schließlich erreiche ich die Taiga, in der sich Nadelbäume mit Birken, Ebereschen, Weiden und Flechten vermischen. Hier ist die Mücke Königin: Die Larvendichte ist schwindelerregend. Ganze Kolonien bilden riesige schwarze Wolken. Mückenschleier und dicke Kleidung sind Pflicht! Geht man ohne Schutz, finden die hartnäckigen Stechrüssel sofort ihr Ziel. Das Essen einer Mahlzeit erweist sich deshalb jeweils als wahre Belastungsprobe: Die Mücken baden darin

Der durchdringende Blick der Sperbereule, die ihre frische Beute gleich in Stücke zerreißen wird.

und nutzen die kleinste Bewegung des Schleiers aus, um mein Gesicht zu attackieren.

Inmitten der Blutsauger lebt die Sperbereule. Diese tagaktive Art wandert abhängig von der Wühlmaus-Dichte und ernährt sich gelegentlich von Schneehühnern, die größer sind als sie selbst. Während der Nistzeit hält man ihrem Blick lieber nicht stand, denn sie stürzt sich direkt auf die Augen von Wanderern, um ihren Nachwuchs zu schützen.

Trotz des unwirtlichen Klimas hinterlässt der Varangerfjord mit seinen ungeahnten Entdeckungsmöglichkeiten einen nachhaltigen Eindruck. Eine außergewöhnliche, mitunter unheimliche Landschaft. Ein an schönen Tagen bezauberndes Licht. Ein unglaublicher Vogelreichtum. Und schließlich das Gefühl, dass man am Ende der Welt sei. Ein Gefühl, das sich bei jedem einstellt und trotz alledem den Wunsch weckt wiederzukommen.

Ein Schneehase auf der Insel Vadsøya. Er passt sich stets seiner Umwelt an und tauscht im Mai sein weißes Wintergefieder gegen ein grautöniges Federkleid, das im Sommer deutlich weniger auffällt.

Seit Urzeiten schon halten die Samen die perfekt an Tundra und arktisches Klima angepassten Rentiere wegen ihres Fells und Fleisches als Nutztiere. Die Rentiere laufen das ganze Jahr über in sogenannten «Rentierzuchtzonen» frei umher, deren Größe in Skandinavien zwischen 1000 und 5000 km² variieren kann.

BESUCH IM VARANGERFJORD

Nicht verpassen

- Die unglaubliche Strecke von Vardø nach Hamminberg. Zwischen den Klippen der Varangerhalbinsel und der Barentssee fühlt man sich wie am Ende der Welt.
- Die bemalte Holzkirche in Nesseby, wo man im Übrigen auch hervorragend zahlreiche Vogelarten beobachten kann.
- Die zwischen Vadsø und Krampenes gelegene Halbinsel Ekkerøy mit ihrem kleinen Hafen und einer Klippe, die von einer Dreizehenmöwen-Kolonie bewohnt wird. Schneeeule und Wanderfalke sind hier auf Beutejagd.
- Die kleine Insel Vadsøya, zu erreichen über eine Brücke in Vadsø, ist ein geeigneter Standort, um vorbeiziehende Vögel und Meeressäuger im Fjord zu beobachten. Ein Teil der Insel steht unter Schutz, die Weiher beherbergen ebenfalls eine reiche Vogelfauna.
- Die größte Dreizehenmöwen-Kolonie der Welt.
- Den mehrstündigen Fußmarsch von Syltefjord zu den Klippen.
- Die wunderbare Straße zwischen Leirpollskogen und Båtsfjord durch die ausgedehnte Tundra der Varangerhalbinsel.
- Weiter südlich die Umgebung des Inarisees und die finnische Taiga.

Praktische Tipps

- Im Varangerfjord herrscht arktisches Klima, auch im Sommer kann das Wetter rau sein; selbst im Juni gibt es mitunter starke Temperaturschwankungen, Frost und Schneefall. Stiefel, Moskitonetz und Mückenschutzcreme nicht vergessen!
- Ein Fahrzeug erleichtert auf der Varangerhalbinsel vieles, denn die Entfernungen zwischen den sehenswerten Orten sind beachtlich. Wer Zeit hat, kann mit dem Auto anreisen (mehrere Tausend Kilometer von Deutschland aus!). Ansonsten reist man mit dem Flugzeug nach Oslo und mit einem Inlandsflug weiter nach Vadsø. Autovermietung am Flughafen von Vadsø möglich.
- Die *Hurtigruten*-Fähre fährt die norwegische Küstenlinie von Bergen bis Kirkenes ab und lässt auch in Vardø Fahrgäste an Land. Website der Hurtigruten: www.hurtigruten.no; Website der Varangerhalbinsel: www.varanger.com

Unterkunft

- Zum Schlafen müssen Sie sich ans wilde Campen gewöhnen und Ihr Zelt in einer geschützten Ecke aufbauen.
- Hotels gibt es in Vadsø, Vardø und Nesseby.

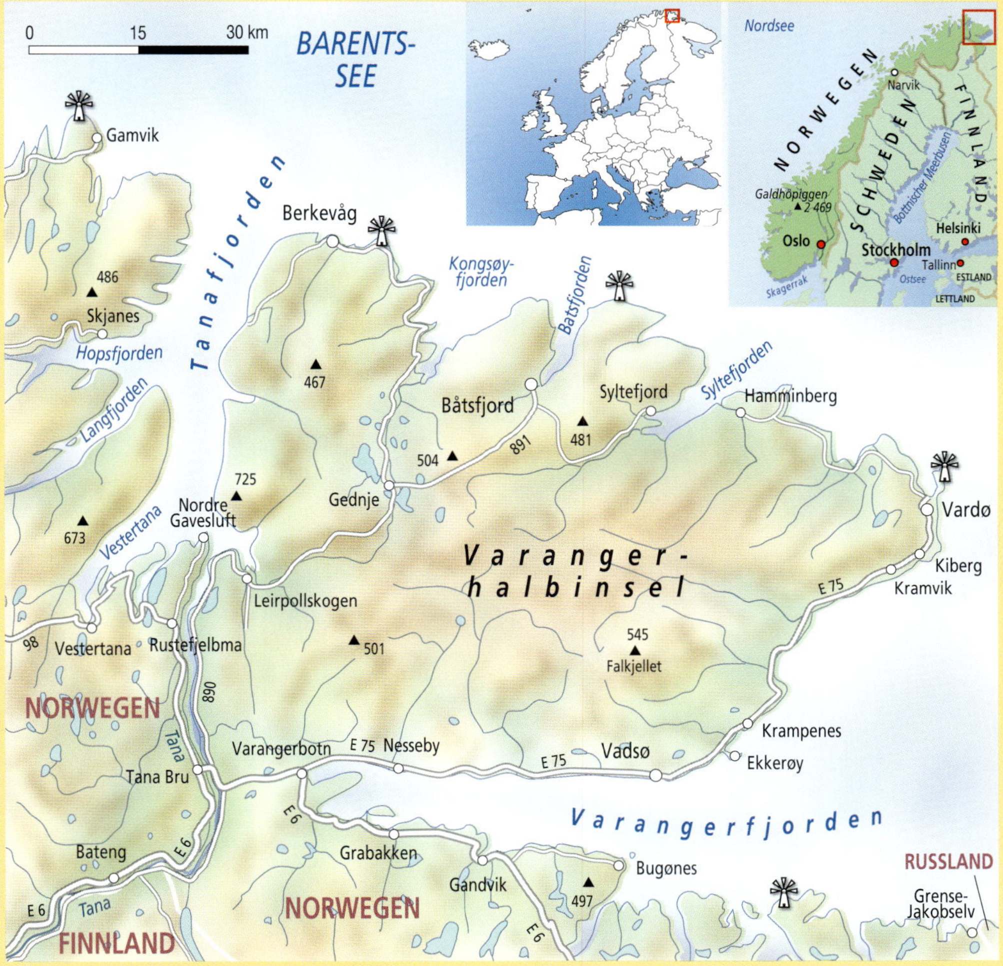

Auf dem Weg von der Hafenstadt Vardø nach Hamminberg…

In Ermangelung besserer Plätze nisten Dreizehenmöwen auch in den Fensternischen der Lagerhallen von Vardø.

Herbst

- Die Highlands – Am Ende der Welt (Schottland)
- Berge, Macchien und wilde Strände auf Sardinien (Italien)
- Schluchten, Hochebenen und Wälder der Cevennen (Frankreich)

Die Highlands – Am Ende der Welt

Die Highlands liegen im schottischen Norden und sind durch eine vor über 400 Millionen Jahren entstandene Verwerfung von den Lowlands getrennt. Die ausgedehnte, zwei Fünftel von Schottland einnehmende Bergregion besteht aus eruptivem und metamorphem Gestein, das von den einstigen Vulkanaktivitäten in der Gegend zeugt.

Die wilde Schönheit der Highlands zieht in ihren Bann. Tiefe Täler wechseln sich majestätisch mit Bergen ab, die schroff ins Meer fallen und an der Küste Lochs (Seen) und Meeresarme bilden. In Kaskaden stürzt das Wasser von den Bergen herab. Über 30'000 Seen spiegeln die schneebedeckten Gipfel wider, 5000 Wasserläufe fließen durchs Land, das zu über zwei Dritteln mit Torfmooren bedeckt ist. Dieses Zusammenspiel von Wasser und Stein macht den Zauber der Highlands aus.

Erste Station sind Aviemore und die Cairngorm Mountains im Süden der Highlands. Der etwa 260 km^2 große Cairngorms Nationalpark besteht aus einem sehr alten, von Wind und Gletscheraktivitäten verwitterten Granitmassiv. Größtenteils beherrschen abgerundete Bergkuppen das Bild, doch einige zerklüftete, kantige Berge lassen Felsenkessel und Felsvorsprünge erkennen. In höheren Lagen findet man von senkrechten Wänden eingeschlossene, tiefe Täler mit breiter, flacher Talsohle. Mehrere Dutzend Gipfel überragen 1000 m Höhe, deren höchster der Ben Macdui mit 1309 m ist.

Die Sonne durchdringt den grauen Wolkenschleier und gibt den Blick auf die Burgruine Ardvreck frei, die seit dem 16. Jahrhundert am Ufer des Loch Assynt thront.

In dieser von Seen und Wildwassern geprägten Landschaft wachsen Weiden, Wacholder und Birken auf den windgeschützten Hängen sowie Moose und Flechten an den stärker exponierten Stellen. In den Tälern und bis in Höhenlagen von 500 m ist die Landschaft kahl. Die einstigen Wälder sind fast gänzlich verschwunden, zunehmende land- und forstwirtschaftliche Nutzung, aber auch der Klimawandel verhindern ihre natürliche Regenerierung.

Die Cairngorm Mountains dienen vielen Raubvögeln als Rückzugsort. Steinadler ziehen über den Gipfeln ihre Kreise, auch Wanderfalken und Merline lassen sich blicken. In der Höhe nisten Alpenschneehühner und Mornellregenpfeifer, auf den Hochebenen sind insbesondere Schneeammer und Kolkraben zu finden.

Ein Rothirsch posiert vor dem verschneiten Ben Loyal. Die ganze Nacht hindurch hallte das laute, heisere Brunftröhren der männlichen Hirsche im Tal.

Schottland im Herbst: Bei wechselhaftem, regenreichem Wetter entstehen durch das Spiel des warmen Oktoberlichts mit dem dunklen, wolkenverhangenen Himmel ständig neue, einzigartige Stimmungen (rechte Seite).

Ich bin unterwegs zur Insel Skye im Westen der Highlands, deren Schönheit sich erschließt, sobald man die Brücke zu ihr überquert hat. Purpurfarben und rot überzieht Heidekraut die Felsen bis zum Meer. Zahllose Schafe bevölkern die 1736 km^2 große Insel. Skye gehört zu den Inneren Hebriden, einer der zahlreichen Inselgruppen vor der schottischen Westküste. Schroffe Reliefs zeichnen ein einzigartiges, abwechslungsreiches Landschaftsbild, auf das der Wanderweg *Old Man of Storr* im Osten von Skye vor allem bei Sonnenaufgang herrliche Ausblicke gewährt. Im Tal sticht ein 55 m hoher, durch Erosion entstandener Basaltmonolith hervor, nicht weit von hier stürzt ein spektakulärer Wasserfall ins Meer. Ich folge den zahlreichen Lochs entlang der Küste und erreiche schließlich die Inselhauptstadt Portree mit ihren bunten Häusern.

Auf einer *single-track road* verlasse ich die Insel wieder, um die Lochs im Westen und Norden Schottlands zu besuchen. Das schmale, von etlichen Seen und Bächen gesäumte Asphaltband zieht sich durch ausgedehnte Heideflächen und torfige Sümpfe. Die Entstehung von Torf, der sich durch die unvollständige Zersetzung angesammelter pflanzlicher Abfallstoffe bildet, wird durch das kalte, feuchte Klima begünstigt. Moos erobert die wasserdurchtränkten Böden. Es gedeihen an den Lebensraum angepasste Pflanzen, wie das Schmalblättrige Wollgras mit seinen über einen Meter langen

Meerstrandläufer, Eiderente und Ringelgans sind drei Arten, die man an der schottischen Küste im Herbst zu Gesicht bekommt. Die Ringelgans macht in Schottland Zwischenstopp auf dem Weg von der Arktis in ihre südlich gelegenen Winterquartiere, die Strandläufer überwintern und die Eiderenten brüten hier.

Wurzeln, aber auch Moorlilien und zahlreiche kleine fleischfressende Pflanzen.

Je nördlicher ich komme, desto wilder wird die Küste. Schwindelerregende, von Wind und Wellen geformte Klippen bilden einen deutlichen Kontrast zur Stille der Salzwasser-Lochs. Ich sehe Kegelrobben und Seehunde weit in eine Flussmündung hineinschwimmen. Es ist der Loch of Tongue, umsäumt von Hügeln, über denen der Ben Loyal thront. Ich folge den Tieren und bin überrascht von der harmonischen Stille, die mich empfängt. Je nach Gezeitenstand liegen die felsigen Strände frei, bedeckt mit großen Braunalgen, in denen es von kleinem Meeresgetier nur so wimmelt. Nicht weit von hier ragt eine Burgruine empor. «To Castle Varick» heißt der Weg zu meinem nächsten Ziel, wo mich eine herrliche Aussicht erwartet.

Seit 1910 trotzt der Leuchtturm Rua Reidh an der Nordwestküste der Highlands den Stürmen der Hebridensee. Er wurde von einem Cousin von Robert Louis Stevenson erbaut und besitzt eine der herrlichsten Herbergen Europas.

Die ruhige, friedliche Stimmung der schottischen Natur ist in der Dämmerung eines frostigen, windstillen Morgens am intensivsten zu spüren.

Die reizvolle Landschaft der Highlands im flüchtigen Spiegel eines Loch.

Die Insel Skye vereint alle schottischen Landschaften in sich: von den Cullins-Bergen über torfiges Heideland bis zu den Felsküsten, an denen Seehunde im Herbst ihre Jungen zur Welt bringen.

Die regionale und landschaftliche Vielseitigkeit bietet ideale Voraussetzungen für die Entstehung einer reichen, leicht zu beobachtenden Flora und Fauna. In den verschiedenen Lebensräumen sind zahllose See- und Wasservögel zu finden; aber auch Seehunde, Wale und Delfine, ebenso wie Hirsche, Wildziegen und Lachse bevölkern die Highlands. Im Herzen der Highlands stößt man auf die Überreste alter Kiefernwälder, die mit ihren rotstämmigen, oft knorrigen Waldkiefern einst über 1,5 Millionen Hektar Land bedeckten. Dieser Wald ist auch Heimat des hiesigen Symbolvogels, des Auerhahns, der im 19. Jahrhundert wieder eingebürgert wurde, nachdem er in Schottland bereits ausgerottet worden war.

Skye ist die größte Insel der Inneren Hebriden und einer der größten von ganz Schottland. Die bizarr geformten Berge und die zerklüftete Küste machen den Reiz dieser wunderschönen Insel aus. Man kann sie gut zu Fuß erkunden, beispielsweise auf dem Wanderweg um den Felsen Old Man of Storr (rechts).

ENTDECKEN SIE DIE HIGHLANDS

Nicht verpassen

- Die Insel Skye, ein Querschnitt aller schottischen Landschaften. Mehrere Wanderwege, z. B. der *Old Man of Storr* im Osten.
- Auch Neist Point (im Westen) lohnt einen Abstecher sowie die Cullins, die «englischen Alpen», mit vielen Wanderpfaden.
- Sutherland, eine der schönsten Regionen Schottlands. Das unberührte Tal Glen Torridon, umschlossen von Bergen, auf denen von Oktober bis April Schnee liegt.
- Die Cairngorm-Berge und die ausgedehnten Wälder und Lochs der Umgebung. Viele Wandermöglichkeiten (Auskünfte in Aviemore).
- Die Farne-Inseln, wenn Sie Schottland im Frühjahr besuchen. In Seahouse: Bootstouren zum Beobachten von Kegelrobben und Seevogelkolonien.

Praktische Tipps

- Schottland ist zu jeder Jahreszeit schön. Dennoch ist das Herbstlicht einmalig, da es die Landschaft in warme Farbtöne taucht. Im Herbst ist auch die Brunftzeit der Hirsche, und Kegelrobben bringen zu dieser Zeit ihren Nachwuchs zur Welt.
- Unbedingt warme und wasserdichte Kleidung mitnehmen.
- Die Insel Skye ist über eine Autobrücke mit dem Festland verbunden. Es empfiehlt sich, einen Stopp im *Wild Life Information Centre* von Skye zu machen. Bei mehrtägigem Aufenthalt deckt man sich am besten auch gleich im Supermarkt an der Ecke mit dem Notwendigsten ein, denn er ist der einzige auf der Insel. Informationen über Schottland: http://international.visitscotland.com/de

Unterkunft

- Jugendherbergen sind zahlreich und flächendeckend vorhanden. Drei gute Adressen: Die Herberge von Loch Morlich bei Aviemore, wo man auch Essen und Auskünfte über Wanderwege bekommt. Die Herberge im Leuchtturm Rua Reidh an der schottischen Westküste, erreichbar über die Straße, die nach Norden zu den Salzwasser-Lochs führt. Die Herberge von Flodigarry mit wunderbarem Blick auf die Küste.
- Bed & Breakfast gibt es überall, beachten Sie die Hinweise am Straßenrand.
- Zelten ist möglich, im Herbst aber weniger geeignet. Die Preise auf Campingplätzen entsprechen meist denen von Jugendherbergen. Der Campingplatz Sligachan auf Skye ist ein guter Standort, um Seehunde und Otter zu beobachten.

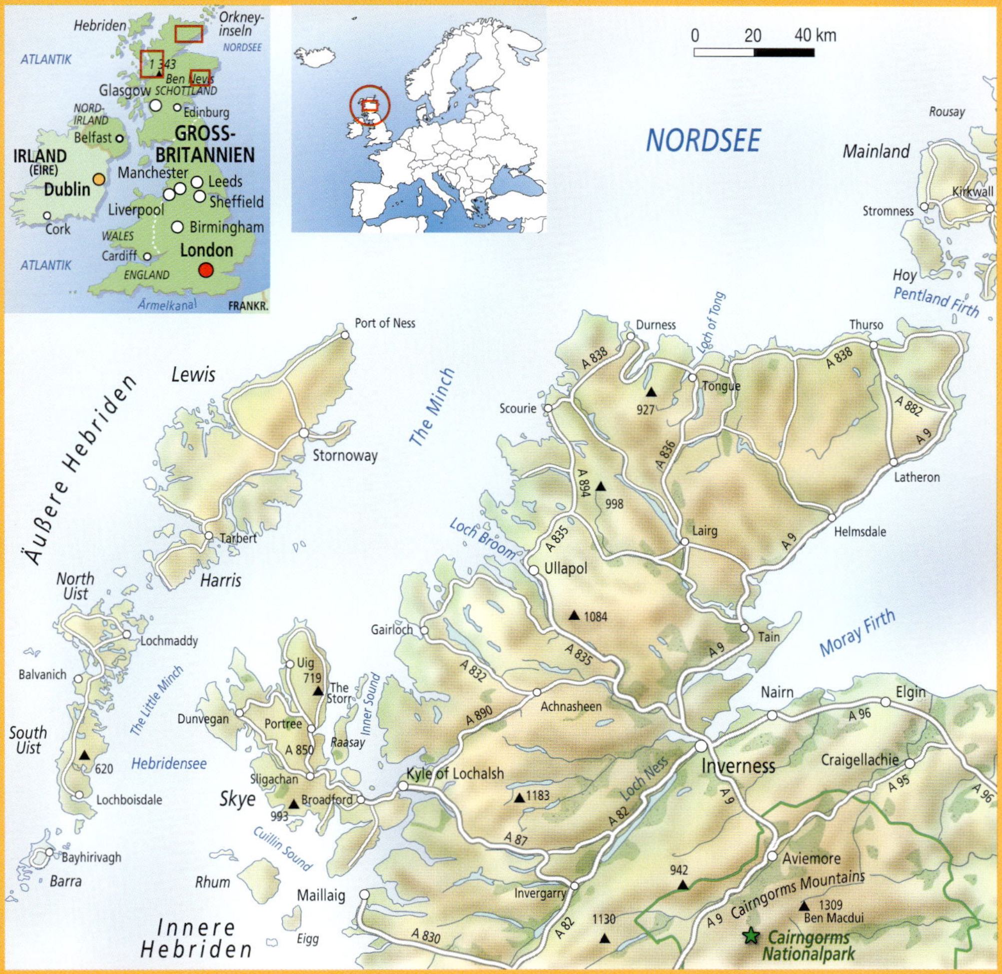

Das Gewitter erreicht das Heideland im Norden Schottlands.

Die widerstandsfähigen Hochlandrinder haben sich dem schottischen Klima gut angepasst.

Berge, Macchien und wilde Strände auf Sardinien

Die Reise beginnt in Marseille, wo ich mich samt Auto auf einer Fähre nach Porto Torres auf Sardinien einschiffe. Es ist Herbst – für mich die ideale Jahreszeit: Es geht entspannt zu und her, die Bäume tragen Früchte, das Meer ist noch warm, und auch auf die Sonne ist noch Verlass. Ich will zur Südseite der Insel: im Westen zum Golf von Orosei und dem Nationalpark Gennargentu, im Osten zu den Dünen von Piscinas und im Süden zum Wald von Gutturu Mannu. Sardinien ist in zweierlei Hinsicht reizvoll: das Dolcefarniente und die Wildnis in den ausgedehnten Schutzgebieten fernab jeglicher Hauptverkehrsstraßen.

Der Nationalpark Gennargentu ist voller landschaftlicher Gegensätze. Er erstreckt sich vom Gennargentu-Gebirge über das Supramonte-Gebirge und die Provinz Ogliastra bis hin zur Küste. Purpurfarbene Kristalladern durchziehen das Schiefergestein des Gennargentu, dessen höchste Erhebung mit 1834 m die schon schneebedeckte Punta la Marmora ist. Die Umgebung wirkt rau und wild. Die Vegetation ist, wie im Hochgebirge typisch, sehr niedrig. Uralter Wacholder krallt sich ans Gestein. Daneben wachsen ein paar Eiben, Ahorn und Stechpalmen.

Typische Landschaft und mediterrane Vegetation an der Küste von Buggeru an der sardischen Westküste. Am Kap Pecora fallen die Kalkklippen steil ins türkisfarbene Meer, in dem eine vielfältige Tierwelt lebt.

In tieferen Lagen bedecken dichte Wälder die Berghänge. Zur Küste hinab ersetzt mediterrane Macchie mit Mastixsträuchern, Myrten, Rosmarin und Zistrosen allmählich die Steineichen. Es gibt zahlreiche Wanderwege und eine ganze Reihe archäologischer Stätten.

In Dorgali biege ich ab nach Cala Gonone, fahre am Golf von Orosei an der Ostküste von Sardinien entlang, überquere die Kalkwand … Eine atemberaubende Landschaft! Garriguebedeckte Hochebenen aus Kalkgestein säumen den Golf von Orosei und eröffnen den Blick auf etliche kleine Buchten mit glasklarem Wasser. Sie sind über Wanderwege erreichbar,

Blick von der 1834 m hohen Punta la Marmora, dem höchsten Berg Sardiniens, auf die in das Licht der aufgehenden Sonne getauchte Hochebene von Supramonte. Nur Vieh und vereinzelte Schäfer wandern durch die in den langen Sonnenmonaten ausgetrocknete Bergregion.

Abenteuerliche Unterkunft am Rande des Abgrunds. Gnadenlos pfeift der Herbstwind um die Berghütte auf einer der Hochflächen, die aus den Steineichenwäldern des Monte Arrubiu emporragen (rechte Seite).

aber auch mit dem Auto, sofern man den befahrbaren Wegen traut. Ebenso kann man die Buchten mit Booten erreichen, die vom kleinen touristischen Hafen in Cala Gonone ablegen. Die wilde Küste mit den steil ins Meer fallenden Klip-

pen, den Einschnitten und Buchten zieht sich von Cala Gonone bis nach Santa Maria Navarrese. Dort steht die größte Klippe des gesamten Mittelmeerraums, überzogen mit einer üppigen Vegetation, die zum smaragdfarbenen Wasser einen hübschen Kontrast bildet. Auf einem Wanderweg gelangt man vom Strand von Baunei zur Basalthochebene Golgo und zum gleichnamigen Karstloch.

Der Supramonte ist eine der abgeschiedensten Gegenden auf Sardinien und umfasst die Gemeinden Orgosolo, Oliena, Dorgali, Urzulei und Baunei. Tiefe Kalktäler mit hundertjährigen Bäumen oder garriguebewachsene Flächen zergliedern die ausgedehnte Berglandschaft. Auf dem Gipfel des Monte San Giovanni wachsen einige seltene Pflanzenarten. Steinadler, Habichte und Kolkraben nisten in den Gipfelregionen, Mufflons und Wildschweine streifen in der Einsamkeit umher. Bergwanderungen bieten eine Reihe von Sehenswürdigkeiten, wie beispielsweise die Höhle Su Disterru, die riesige Doline Su Suercone, die «Hünengräber» (Galeriegräber), die Schafställe von Sa Senepida sowie Sas Baddes, einer der letzten urwüchsigen Steineichenwälder Europas.

Ihre Borke dient der Korkgewinnung: Kurz nach der Entrindung besitzen Korkeichen einen kräftig roten Stamm, der sich deutlich von der restlichen Vegetation abhebt. Erst nach etwa zehn Jahren findet die nächste Korkernte statt (linke Seite).

Der Bestand des lange vom Aussterben bedrohten sardischen Hirsches, einer endemischen Unterart des Rothirsches, nimmt inzwischen wieder kontinuierlich zu. Dies ist Schutzmaßnahmen zu verdanken, wie insbesondere der Einrichtung des WWF-Waldschutzreservats von Monte Arcosu.

Farbe und Gestalt sind einzigartig in der europäischen Vogelwelt: Die in Kolonien lebenden Rosaflamingos können in den Lagunen und Teichen auf Sardinien das ganze Jahr über beobachtet werden.

Herbstabend an einem großen Brackgewässer im Schutzgebiet Berchida an der Ostküste (rechte Seite).

Von Orgosolo mache ich mich auf zum Monte Arrubiu und seinem Staatsforst. Zunächst geht es im geländegängigen Wagen bergauf. Oberhalb des Waldes führt ein felsiger Fußweg weiter bis zur Spitze. Schließlich erreiche ich eine kleine Berghütte. Es ist die ungewöhnlichste Unterkunft, die ich je gesehen habe: Nah am Rande eines schwindelerregenden Abgrunds erbaut, trotzt sie dem starken Herbstwind, der an ihren Wänden rüttelt. Ich beschließe, dort zu übernachten.

Im Westen erstreckt sich vom Kap Frasca bis Iglesias der Kulturpark «Giuseppe Dessi» mit waldbedeckten Bergen und einer zwischen Kalkklippen und Stränden wechselnden Küste. In Guspini führt ein Weg die große Düne von Piscinas hinauf. Ich laufe durch verlassene Minendörfer, durchquere Wälder und komme an Korkeichen mit entrindeten, rot leuchtenden Stämmen vorbei. Beim Abstieg zum Kap Pecora kann ich mich nur mithilfe meiner Ellenbogen durch das dichte, niedrige Gebüsch schlagen, dafür eröffnet sich mir eine wunderbare Sicht auf beeindruckende Klippen.

Weiter im Süden, westlich von Cagliari, befindet sich das geschützte Waldgebiet Gutturu Mannu, das vornehm-

lich aus Strauchgewächsen besteht. Zahlreiche Erdbeerbäume wachsen hier neben Steineichen und Olivenbäumen. Ein etwa 30 km langes, mit dem Auto befahrbares Sträßchen führt von Santa Lucia nach Santadi. Von ihm zweigen mehrere Wanderwege zu insgesamt acht Bergen ab, deren höchster mit 1086 m der Monte Lattias ist. Ich mache einen Abstecher in das nahe dem Monte Arcosu gelegene, 3000 ha große WWF-Schutzreservat, in dem der sardische Hirsch, ein kleinerer Verwandter des bekannten Rothirsches, lebt. Unter meinen Füßen wird das Wasser der kleinen Bäche vom Grasteppich aufgesaugt.

In der Lagune Stagno di Cabras nahe Oristano sowie bei Cagliari und im nördlichen Teil des Golfs von Orosei, aber auch an vielen anderen Stellen, sind unter anderem Rosaflamingos, Regenpfeifer, Silberreiher und Entenvögel anzutreffen. Flamingos kann man mittlerweile zu jeder Jahreszeit bewundern, da sie meist ganzjährig hier leben. Die rosa Farbe verdanken sie dem Farbstoff Betakarotin, das von Krebstieren gebildet wird, von denen sie sich ernähren. Das «Rosa» sichert den Fortbestand der Art, denn Betakarotin stärkt ihr Immunsystem. Wählt ein Weibchen das Männchen mit der intensivsten Färbung, sorgt es damit für den gesündesten Nachwuchs.

Der Erdbeerbaum ist weit verbreitet auf Sardinien. Seine essbaren Früchte reifen im Spätherbst.

Eine Frühe Heidelibelle auf den hohen Gräsern in den Dünen von Piscinas.

ENTDECKEN SIE SARDININEN

Nicht verpassen

- Den Nationalpark Gennargentu, dessen abwechslungsreiche Gebirgslandschaft von der Küste mit feinsandigen Stränden bis zur Punta la Marmora, dem höchsten Berg der Insel, reicht. Mit seinen 1834 m beherrscht er den Supramonte, die trockenste Region Sardiniens.
- Den Golf von Orosei, der mit türkisfarbenem Wasser und den nur per Boot oder zu Fuß erreichbaren Stränden lockt (z. B. Cala Luna).
- Den Monte Arcosu im Süden und vor allem das gleichnamige WWF-Schutzgebiet für sardische Hirsche.
- Den Staatsforst des Monte Arrubiu und die Berghütte am Abgrund.
- Die Dünen von Piscinas und der 9 km lange, in der Nebensaison leere Strand, an dem Unechte Karettschildkröten und Rebhühner zu sehen sind.
- Die *Orientale Sarda*, eine schöne, durch den Gennargentu führende Bergstraße.
- Kap Comino im Westen mit seiner grandiosen Felsküste.

Praktische Tipps

- Der Herbst ist für eine Reise nach Sardinien ideal. Ab Mitte Oktober kann auf den höchsten Bergen allerdings bereits Schnee liegen.
- Bei der Anreise per Fähre sollte man für die Überfahrt je nach Fährhafen und -linie mehrere Stunden (oder gar eine Nacht) einkalkulieren. Die Flughäfen in Cagliari, Olbia und Alghero werden von mehreren Fluggesellschaften bedient.
- Es gibt viele gut beschilderte, öffentliche Wanderwege im Gennargentu-Gebirge. Auskünfte und detaillierte Karten sind in Dorgali und Cala Gonone erhältlich.
- Die Website des Nationalparks Gennargentu: http://www.parcogennargentu.it
- Vorsicht auf den Straßen, die oft kurvenreich und mitunter von Vieh blockiert sind.

Unterkunft

- Auf der touristischen Insel herrscht kein Mangel an Hotels, Ferienwohnungen und Campingplätzen. In der Nebensaison sind manche Unterkünfte geschlossen.
- Das *Hotel Le Dune* in Piscinas ist ein direkt am Strand gelegenes ehemaliges Bergwerksgebäude. Ein idealer Standort, um die zum Teil mit Macchien bewachsenen Dünen zu bestaunen.

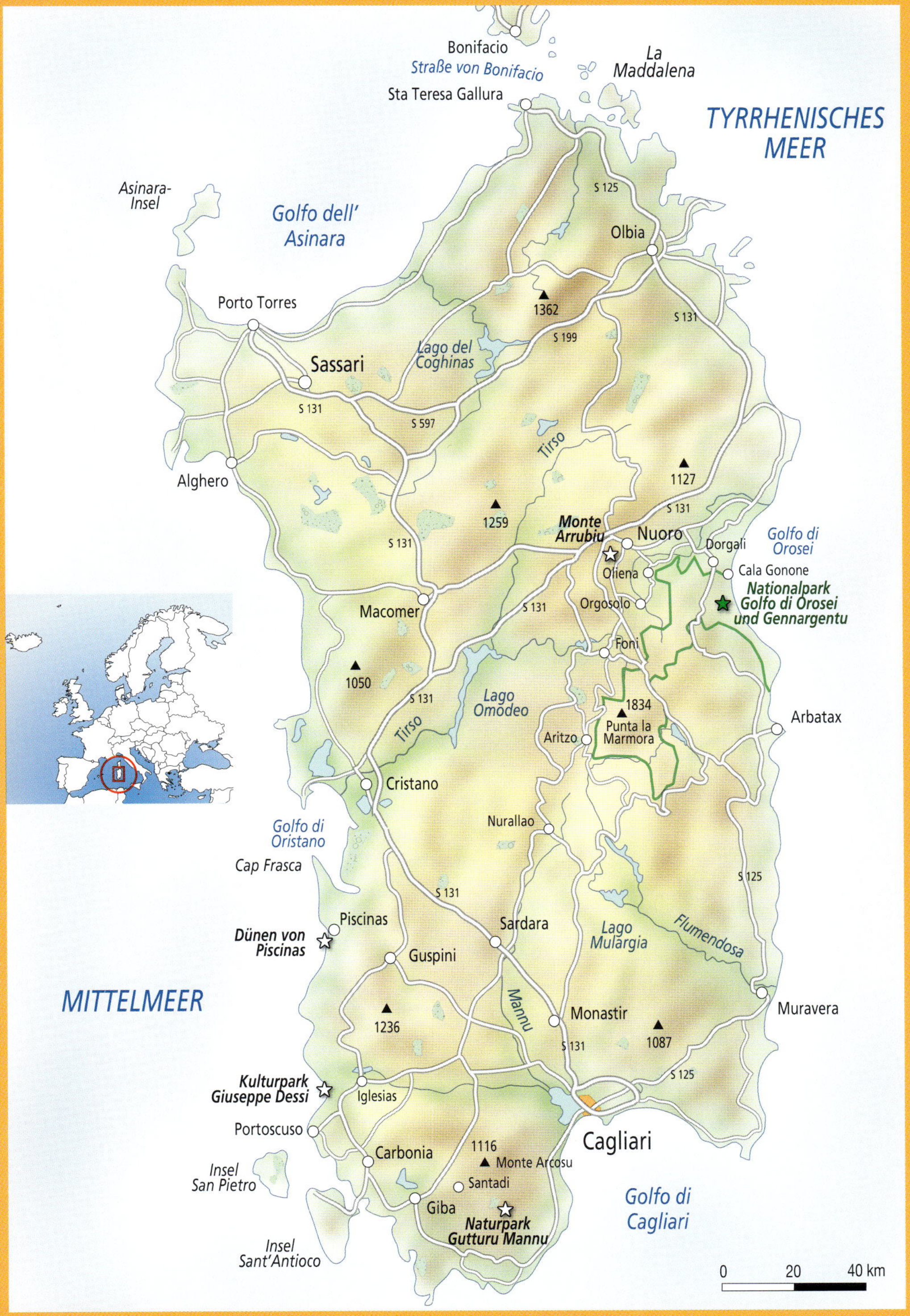

Schluchten, Hochebenen und Wälder der Cevennen

Mit ihren Schluchten, Hochebenen und Wäldern bieten die Cevennen reiche landschaftliche Abwechslung. Am schönsten kommen sie zweifellos im Herbst zur Geltung, wenn alles gelb, ockerfarben, rostbraun und rot erstrahlt. Der häufige Regen tut diesem Erscheinungsbild keinesfalls Abbruch. Der Herbst ist lang und verkürzt den eiskalten, schneereichen Winter.

Der 91'000 ha große, auch als Biosphärenreservat geschützte Nationalpark umfasst die Bergregion der Cevennen. Zahlreiche Flüsse trennen den Mont Lozère (1699 m), den Bougès-Gebirgszug (1400 m) und den Mont Aigoual (1565 m) voneinander. In den Tälern verraten Weinberge und Obsthaine die Anwesenheit von Menschen. Etwas höher wachsen Traubeneichenwälder, die teils mit Kastanienbäumen und Buchenwälder vermischt sind. Danach folgt Weideland, dessen karge Vegetation sich an den Granit und Schiefer krallt.

Der Nationalpark ist auch die Heimat des Rothirsches. 1955 bürgerten Förster aus Aigoual die in der Gegend vormals völlig verschwundene Art wieder ein. Mit Erfolg: Heute leben etwa 500 Tiere in den Cevennen und deren Hochebenen. Den größten Bestand weist das Aigoual-Massiv auf, wo 200 Individuen vornehmlich an den Nord- und Westhängen zu finden sind.

Der Nebel reißt auf und enthüllt die warmen Farben des Mont Lozère. Mit dem Einsetzen des ersten Herbstfrosts färbt sich das Laub der Buchen, Eichen, Birken und Kastanienbäume in den Tälern der Cevennen ockerfarben und gelb.

Lebende Modelle der Felsmalerei: Die Przewalski-Pferde sind Teil eines ambitionierten Schutzprojekts. Eine zunächst auf dem Causse Méjean gezüchtete Herde wurde anschließend in der Mongolei ausgewildert, wo das letzte Pferd in freier Wildbahn gesehen wurde.
Die Wahl des Zuchtortes ist leicht nachzuvollziehen: Die Ähnlichkeit mit der mongolischen Steppe ist frappierend.

Ein besonders klangvolles Naturschauspiel ereignet sich im September und Oktober, wenn das Röhren der Hirsche ertönt. Ein idealer Ort, um dem Brunftgeschrei zu lauschen, ist der Ferienpark Le Mas de la Barque auf dem Mont Lozère. Zu Gesicht bekommt man die Tiere allerdings meist nur bei Sonnenaufgang und am Abend, wenn sie am Waldrand erscheinen. Mit dem Röhren versuchen die Bullen Hirschkühe anzulocken, dabei kommt es unter den Rivalen gelegentlich auch zu heftigen Kämpfen. Ich halte Abstand, um sie nicht zu stören.

Neben den Bergen erheben sich auf einer Fläche von über 230’000 ha die sogenannten Causses, trockene Kalk-Hochebenen. Auf den Causses Larzac, Sauveterre, Séverac, Méjean und dem Causse Noir wachsen Ginster, Wacholder und Grassteppe. Tiefe, lange Schluchten, durch die sich die Flüsse Tarn, Jonte, Trevezel und Dourbie winden, zerschneiden die Plateaus. Grotten und Höhlen finden sich zuhauf. Auf dem trockenen Causse Noir ragen farbige, von der Erosion geformte hohe Felsen empor, über die nicht selten Schlangenadler auf der Jagd nach Beute kreisen.

Bei meiner Wanderung auf dem Causse Méjean entdecke ich in einem Park Pferde, die mich seltsamerweise an die Motive der Felsmalereien erinnern. Es handelt sich um Przewalski-Pferde, die einzige nie domestizierte Rasse, die einst zwei große Kontinente (Asien und Europa) bevölkerte. In Europa kommen sie heute nicht mehr in freier Wildbahn vor. 1990 bildete sich ein Zusammenschluss verschiedener Partner, die auf dem Causse Méjean ein etwa 310 ha großes Grundstück kauften, um eine Herde Przewalski-Pferde anzusiedeln mit dem Ziel, ihren Bestand zu vergrößern und sie später wieder

Der Laubteppich wird dicker und jeden Tag dringt ein wenig mehr Licht durch das Unterholz. Der Buchenwald bereitet sich auf die winterliche Kälte und einen verlangsamten Lebensrhythmus vor (linke Seite).

Ihr Sehvermögen ist schlecht, doch dank ihres ausgeprägten Geruchssinns bemerken die jungen Wildschweine den getarnten Fotografen dennoch und ergreifen die Flucht. Die kräftigen Tiere sind in den Cevennen seit 10 Jahren sehr häufig.

Bei Wanderungen stößt man regelmäßig auf Bruchsteinhäuschen, die in der Forst- und Weidewirtschaft genutzt werden.

auszuwildern. Hierfür werden bis heute die biologischen Anforderungen der Art und ihre Strategien zur Anpassung an ihre Umwelt erforscht. Im Laufe der Zeit bilden sich Familiengruppen: Jeder Hengst gründet mit einer Stute eine Familie, die die jungen Pferde in der Pubertät verlassen, um sich in einer anderen Gruppe fortzupflanzen.

Zwischen den Hochebenen befinden sich die Schluchten. Über 50 km erstreckt sich die Tarnschlucht, die den Causse

Dank eines erfolgreichen Wiedereinbürgerungsprojekts gleitet der Gänsegeier erneut über die ausgedehnten Hochebenen und über die Kalkschluchten der Flüsse Jonte und Tarn.

Felsspitzen in der beeindruckenden Jonteschlucht, die den Causse Noir und den Causse Méjean voneinander trennt. Dieser Canyon eignet sich am besten, um die drei in den Cevennen vorkommenden Geierarten zu beobachten.

Flechten verwischen die Grenze zwischen Holz und Stein, immer mehr verschwinden die Granitbrocken zwischen den alten Eichen.

Der giftige Fliegenpilz kommt in den Wäldern der Cevennen häufig vor.

Sauveterre im Norden vom Causse Méjean im Süden trennt. Eine Straße durchquert das gesamte Gebiet. Bei Le Rozier fließen Jonte und Tarn zusammen. Zehn Kilometer stromauf stoße ich auf Point Sublime, einen Aussichtspunkt mit atemberaubendem Blick. Noch etwas höher führt ein Pfad vom Felssturz Pas de Soucis am Tarn zum Aussichtspunkt Roque Sourde. Nach dem Felsenkessel Cirque des Baumes verengt sich die Schlucht. Auf den zahlreichen Spazier- und Wanderwegen erkunde ich die Gegend. In Sainte-Enimie gelangt man über eine Straße zum Gipfel des Cirque de Pougnadoires, kurz vor Blajoux zweigt ein Sträßchen zur Burgruine Castelbouc ab und führt danach weiter zum Causse Méjean. Zurück auf der Hauptstraße, geht es nach Florac, wo sich das Besucherzentrum des Nationalparks befindet. Die Schlucht kann man auf einem Fußweg erwandern, der parallel zum Wanderweg *Corniches du causse Méjean* verläuft und ihn hin und wieder kreuzt.

Im Tarn leben auch Biber. Seit ihrer Wiedereinbürgerung im Jahr 1977 vergrößerte sich ihr Bestand auf heute etwa 60 Familien. Insgesamt warten die vielfältigen Habitate der Cevennen mit einer reichen Flora und Fauna auf: 2250 Pflanzen- und 2400 Tierarten sind verzeichnet.

Hauptattraktion bilden die Raubvögel. Etliche Uhus, Waldohreulen, Zwergohreulen, Waldkäuze sowie Rot- und Schwarzmilane brüten hier. Am Rande der Hochebenen bekommt man häufig Schlangenadler zu sehen, und auf den Plateaus die Wiesenweihen. Im Wald zeigt sich mitunter auch der Wespenbussard. Und über der Jonte-Schlucht, insbesondere beim Aussichtspunkt Belvédère des Vautours, gleiten Schwärme von Gänsegeiern durch die Lüfte.

Mal ruhig, mal wild fließt der Tarn vom Mont Lozère bis zur Garonne durch herrliche, zwischen bewaldeten Tälern und riesigen Feldwänden abwechselnde Landschaften.

Die Flora spiegelt das klimatische Spektrum wider. Auf den subalpinen Wiesen des Mont Lozère wachsen Arten, die charakteristisch für Polarregionen sind, und in den felsigen Tälern ein paar seltene Arten der subtropischen Trockengebiete. Ich entdecke Pflanzengesellschaften, die mit der Steineiche in warmen, trockenen Klimazonen auftreten, und für Tannen-Buchen-Wälder typische Pflanzengesellschaften der kalten, feuchten Klimazonen. 33 der 400 in Frankreich geschützten Arten kommen hier vor. 48 Arten sind endemisch, und ihr Erhalt hängt zum Teil vom Schutz offener Lebensräume (Gras- und Heideland, Wiesen) durch die Weidewirtschaft ab.

Eine Wanderung durch die Cevennen ist im Herbst besonders schön. Die warmen Farbtöne der Laubwälder in den Tälern, das eindrucksvolle Röhren der Hirsche oder die Lichtspiele auf den Hochebenen sind einzigartige Augenblicke zu dieser Jahreszeit.

Fast 60 m tief fällt der Miral über den Wasserfall von Runes auf dem Mont Lozère. Zu erreichen ist dieses Schutzgebiet über einen steilen Weg, der dem Bachlauf folgt.

ENTDECKEN SIE DIE CEVENNEN UND IHRE UMGEBUNG

Nicht verpassen

- Den Causse Méjean.
- Das Hirschröhren, insbesondere auf dem Mont Lozère.
- Die vielen Wanderwege, teils Fernwanderwege, wie jener um den Mont Lozère führende GR 68: Auf den Spuren von Robert L. Stevenson …
- Die Kurzstrecken, z. B. zum Cassidi-Gipfel oder in den Schluchten von Jonte und Tarn oberhalb des Dorfs Le Rozier.
- Die Beobachtung von Geiern.
- Die Grotten (z. B. Dargilan, Aven Armand, Trabuc) und die Karsthöhle Abîme de Bramabiau.
- Die Burgruinen und Schlösser sowie die Tarnbrücke in Quézac.
- Den Cham des Bondons in der Nähe des Passes Col de Montmirat. Nach Carnac in der Bretagne ist dies die zweitgrößte Ansammlung prähistorischer Monumente in Europa.
- Kanu-Ausflüge durch die Schluchten (Kanuverleih halb- und ganztags möglich).

Praktische Tipps

- Das Besucherzentrum des Nationalparks bietet Ausflüge auf dem Mont Lozère an, bei denen man abends Hirsche am Waldrand beobachten und ihrem Brunftröhren lauschen kann. Website des Cevennen-Nationalparks: http://www.pnc.fr
- Das Geier-Informationszentrum Belvédère des Vautours in der Jonte-Schlucht hat den ganzen Oktober über geöffnet. Der Eintritt berechtigt auch zum Besuch einer Dauerausstellung über Geier mit Hintergrundinformationen über ihre Wiedereinbürgerung in der Jonte-Schlucht. Die Terrasse ist mit Fernrohren ausgestattet. Ausflüge organisiert der französische Vogelschutzbund LPO, der das Zentrum verwaltet.
Website: http://www.vautours-lozere.com
- Die vier Ökomuseen des Nationalparks bieten Ausstellungen und Informationen über die Natur und das Leben der Menschen der Region.

Unterkunft

- Für Wanderer stehen an die hundert Wanderhütten zur Verfügung, die vorab reserviert werden müssen.
- Mehrere Campingplätze, die im Oktober aber größtenteils bereits geschlossen sind. Gästezimmer und Hotels sind ganzjährig geöffnet.

Wegweiser im Dorf La Vialasse auf dem Mont Lozère.

Ein für die Hochebenen typisches Steinhaus.

Danksagung
Ich danke dem Projektpartner *Biosphere Expeditions* (www.biosphere-expeditions.org), Elzbieta Janik und Anna Androsiuk vom polnischen Fremdenverkehrsamt, dem niederländischen Fremdenverkehrsamt, Anne Lefèvre vom italienischen Fremdenverkehrsamt, Tibor Hromadka, dem Cevennen-Nationalpark, den Nationalparks Hohe Tatra und Białowieża, Mieczyslaw Piotrowski, Jan und Alina Chwaszcewski, John Asmar Olsen, Vanessa Pahl, Olli Lamminsalo, Sophie Bethencourt und Vanessa Fisson von der Organisation Interstice in Dinan, Défi Jeunes, den Freunden und Naturkundlern, die mich auf diesen Entdeckungsreisen zum Teil begleiteten: Christophe Doucet, Yann Février, Roland Jamault, Dieter Stokar … und schließlich meiner Familie sowie Vanessa für ihre Geduld.

Anmerkung
Alle Tiere und Pflanzen wurden in ihrer natürlichen Umgebung in freier Wildbahn fotografiert mit Ausnahme der Luchs- und Wolfaufnahmen, die aus Gefangenschaftshaltung stammen: Der Luchs lebt im Tierpark des Bayrischen Walds, die beiden Wölfe leben in einem Gehege in den Karpaten, nachdem sie von einem wissenschaftlichen Projektleiter aus einer Falle gerettet worden sind.

Internet: www.emmanuelberthier.com

Bilder der jeweiligen Jahreszeitenüberblicke

Winter:	Polarlicht in Lappland
Frühjahr:	Die Dehesa, der Korkeichenwald der Extremadura
Sommer:	Wüste im Naturpark Cabo de Gata im Südosten der Tabernas, Spanien
Herbst:	Das unberührte Tal Glen Torridon in Schottland

gegenüberliegende Seite:
Die Küste von Buggeru an der Westküste Sardiniens

Hansjakob Baumgartner / Sandra Gloor / Jean-Marc Weber

Der Wolf

Ein Raubtier in unserer Nähe

2008. 216 Seiten, 145 farbige und 4 schwarz-weiße Abbildungen, 4 Karten, gebunden
CHF 49.90 (UVP) / € 29.90
ISBN 978-3-258-07274-6

Der Wolf kehrt in die Schweiz zurück und breitet sich langsam aber sicher im ganzen Alpenraum wieder aus. Er ist für die einen Symbol für unberührte Wildnis und faszinierende Schönheit, für die anderen ein grausamer Jäger, der die Bauern in ihrer Existenz bedroht. Wo die Emotionen hoch gehen, braucht es sachliche Diskussionen. Dieses Buch beleuchtet den Wolf von verschiedenen Seiten, zeigt die vielen Aspekte des Zusammenlebens von Mensch und Wolf auf und gibt den verschiedenen Interessengruppen eine Stimme: Biologen geben Einblick in ihre Forschungsprojekte, Bauern erzählen von ihren Sorgen, Jäger berichten von ihren Erfahrungen und Fachleute zeigen, welche Präventionsmaßnahmen es braucht, damit wir lernen können, mit dem Wolf zu leben. Gut verständliche Texte, spannende Geschichten und Interviews sowie viele attraktive Bilder sorgen dafür, dass mit diesem Buch das Thema Wolf einem breiteren Publikum nahe gebracht wird.

Maya Höneisen / Joanna Schoenenberger / Yannick Andrea

Der Braunbär

Die Rückkehr eines Großraubtiers

2009. 232 Seiten, über 170 Farbfotos, 5 schwarz-weiße Fotos, 5 Grafiken, gebunden
CHF 49.00 (UVP) / € 29.90
ISBN 978-3-258-07463-4

Notgedrungen muss sich der Mensch in Westeuropa mit einer Annäherung an den Bären auseinandersetzen: nach mehr als hundert Jahren Abwesenheit breitet sich der Braunbär im Alpenraum wieder aus. Wo er auftaucht, gehen die Emotionen hoch, und der Abschuss eines Problembären füllt die Frontseiten der Zeitungen. Der Braunbär ist ein Landraubtier, das polarisiert – hat es Platz für ihn in unserer dicht besiedelten Kulturlandschaft?
Die Autoren stellen den Braunbären und seine Biologie vor, informieren über die Ansprüche, die er an den Lebensraum stellt und skizzieren damit die Chancen und Probleme, die auftauchen, wenn er zurückkehrt. Ein Blick über die Grenzen, in Länder, in denen der Braunbär nie ausgerottet war, zeigt, wo das Zusammenleben von Mensch und Bär Normalität ist. Menschen erzählen von ihren Begegnungen mit dem Braunbär und Fachleute erläutern, wie nützliche Prävention aussieht. Porträts von unbequemen und von unauffälligen Bären im Alpenraum ergänzen das Buch, denn gerade von diesen Tieren gibt es für eine Zukunft mit Bär und Mensch viel zu lernen.

Jonathan Elphick

Atlas des Vogelzugs

Die Wanderung der Vögel auf unserer Erde

2008. 176 Seiten, ca. 300 farbige Abbildungen, gebunden
CHF 66.00 (UVP) / € 39.90
ISBN 978-3-258-07288-3

Weltweit begeben sich jährlich viele Milliarden Vögel im Rahmen des Vogelzugs auf Wanderschaft. Diese gefährliche Reise ist eines der großen Wunder unserer Erde. Seit jeher haben die Menschen dieses Naturphänomen beobachtet und sich über die zurückgelegten Entfernungen, die Ausdauer und die unfehlbare Navigation gewundert, die die Vögel zu ihren angestammten Brutgebieten oder Winterquartieren führt. Erst seit kurzem können wir dank Beringung und Satellitenüberwachung den Vogelzug in seiner ganzen Komplexität besser verstehen.

Dieses verständliche und reich bebilderte Buch bietet einen Überblick über alles, was der Wissenschaft heute über das Phänomen des Vogelzugs bekannt ist. Auf Karten werden die Routen von mehr als 100 wichtigen Zugvogelarten illustriert, ein internationales Team von Experten beschreibt die Vogelarten, ihre Routen und wissenswerte Einzelheiten ihres Verhaltens. Ein ausführlicher Katalog beschreibt weitere 500 Zugvogelarten. Einführende Artikel zu den einzelnen Kontinenten, die auch die südliche Hemisphäre umfassen, runden das Buch zu einem umfassenden Überblick über das Thema des Vogelzugs ab.

Dominic Couzens

Rekorde der Vogelwelt

130 Extreme

2010. 288 Seiten, 134 ganzseitige Farbfotos, gebunden
CHF 64.90 (UVP) / € 39.90
ISBN 978-3-258-07549-5

Vögel gehören wohl zu den beliebtesten Wildtieren. Einige Rekordhalter der Vogelwelt sind auch den meisten Menschen bekannt – so etwa der größte Vogel, der Strauß, oder die Vogelart mit der größten Flügelspannweite, der Wanderalbatros. Aber die Vogelwelt hat noch viele andere spektakuläre Leistungen vorzuweisen, die nicht nur Vogelliebhaber faszinieren.

130 Rekordhalter der Vogelwelt werden mit Bild und Text vorgestellt und lassen uns staunen über die Raffinesse und Vielfalt der Natur.